insel taschenbuch 4713

Vita Sackville-West

Mein Garten im Sommer

»Auch aus dem kleinsten Garten läßt sich mit Phantasie etwas machen. Das ist keine Frage der Flächen, sondern eine Frage von Geschmack, Vision, Design, Farbsinn und Anordnung.«

Vita Sackville-West, Schriftstellerin und begnadete Gärtnerin, hat nicht nur den berühmtesten Garten der Welt – Sissinghurst – geschaffen, sondern auch ihre Liebe zur Natur in ihren legendären, weil ebenso kenntnisreich wie charmanten Gartenkolumnen festgehalten, die hier nach Jahreszeiten geordnet vorgestellt werden.

In *Mein Garten im Sommer* entführt uns Vita Sackville-West in ein märchenhaftes Reich mit alten Rosensorten. Sie porträtiert die große Blumenvielfalt der Jahreszeit und gibt Hinweise, wie man sie im Beet farblich kombiniert. Den Gärtnern empfiehlt sie, schon jetzt phantasievoll an die Zukunft zu denken und die Bepflanzung für das kommende Frühjahr zu planen.

Victoria Mary Sackville-West (1892-1962), genannt Vita, publizierte in ihrem Leben über fünfzig Bücher. Für den Observer schrieb sie jahrelang eine erfolgreiche Gartenkolumne. 1930 erwarb sie Sissinghurst Castle in Kent, wo sie zusammen mit ihrem Mann einen der schönsten Gärten Englands entwarf und anlegte.

Im insel taschenbuch liegen von ihr außerdem vor: *Mein Frühlingsgarten* (it 4692); *Meine Lieblingsblumen* (it 4436)

VITA SACKVILLE-WEST

Mein Garten im Sommer

Aus dem Englischen von Gabriele Haefs
Mit farbigen Illustrationen von
Pierre-Joseph Redouté

INSEL VERLAG

Erste Auflage 2019
insel taschenbuch 4713

Vertrieb durch den Suhrkamp Taschenbuch Verlag
Umschlag: Brian Barth
Umschlagabbildung: Jean Philippe Redouté,
Spanische Iris (Iris xiphium), 1827
Satz: Satz-Offizin Hümmer GmbH, Waldbüttelbrunn
Druck: CPI – Ebner & Spiegel, Ulm
Printed in Germany
ISBN 978-3-458-36413-9

Mein Garten im Sommer

JUNI

Es gibt zwei sehr hübsche im Mai und Juni blühende Sträucher, die nicht viel Pflege brauchen und trotzdem nicht häufig zu sehen sind. Sie passen gut zueinander, denn beide sind von einem zarten Muschelrosa, und beide gehören zur selben botanischen Familie (*Caprifoliceae*), aus der wir vor allem die vertrauten Weigelien und das Geißblatt mit seinen kleinen, trompetenförmigen Blüten kennen, die an eleganten Zweigen hängen. Die beiden Sträucher, von denen hier die Rede ist, heißen *Kolkwitzia amabilis* und *Dipelta floribunda*.

Kolkwitzia blüht ein wenig später als *Dipelta*, wodurch derselbe Farbton länger erhalten bleibt; mit anderen Worten, eine Kombination von beiden sichert uns während etlicher Wochen eine blaßrosa Wolke im Garten. *Dipelta* sollte hinter *Kolkwitzia* gepflanzt werden, denn *Kolkwitzia* ist rundlicher, während *Dipelta* höher und lockerer wächst und bisweilen gestützt werden muß, um nicht zu sehr zu hängen. Beide Sträucher stammen aus China, und beide haben das Adjektiv des anderen verdient, denn beide sind liebenswürdig und blütenreich.

Wenn ich schon von im Mai blühenden Sträuchern spreche, dann möchte ich auch noch *Rubus odoratus* erwähnen. Er stammt aus den Rocky Mountains und ist ein Dornstrauch ohne stechende Dornen. Ich weiß einfach nicht, warum dieser schöne und pflegeleichte Strauch auf so törichte Weise vernachlässigt wird. Wer die große weiße Einzelrose *Nevada* kennt, kann sich *Rubus odoratus* bestimmt sofort vorstellen, denn mir ist aufgefallen, daß die beiden oft verwechselt werden, bis die Betrachter bei näherem Hinsehen entdecken, daß die Blüten zwischen Blättern wie denen der Schwarzen Johannisbeere sitzen. *Rubus odoratus* kann über zwei Meter hoch werden. Ansonsten macht er keine Arbeit, nur das tote Holz muß bisweilen abgeschnitten werden.

Dieser für den Mai bestimmte *Rubus* hat im *Rubus biflorus*, der Zierbrombeere, einen Verwandten aus dem Himalaya. Die Zierbrombeere jedoch wird weniger wegen ihrer unbedeutenden Blüten gepflanzt als wegen der Schönheit ihrer reinen weißen Zweige im Winter. Wie große weiße Gespenster tauchen sie überraschend in der Winterlandschaft auf und sehen aus, als seien sie permanent mit Reif überzogen. Die Zierbrombeere zieht reichen Boden vor, und Sie müssen im folgenden Jahr die Zweige, die geblüht und vermutlich auch Früchte getragen haben, abschneiden, denn Sie sollten die neuen Sprößlinge ermutigen und am Leben erhalten.

Im Rasen gibt es nur gekräuseltes Unkraut. Löwenzahn-, Wegerich- und Gänseblümchenblätter schauen alle nach oben, wie kleine Hände, die sich in einem letzten, verzweifelten Gebet zum Himmel erheben. In wenigen Wochen, das ist meine erbarmungslose Hoffnung, werden sie verschwunden und einer schönen sauberen Decke von tadellosem Rasen gewichen sein, von dem Besucher aus Übersee irrtümlicherweise annehmen, man brauche vierhundert Jahre, um ihn anzulegen.

Diesem Unkraut muß man mit dem Unkrautmittel »Verdone« zu Leibe rücken. Ich halte es für ein Wunder, daß eine schnöde Flüssigkeit aus einer Dose derart wählerisch und intelligent ist, daß sie weiß, welche Pflanzen sie zu zerstören hat. Aber so ist es nun einmal. Ich weiß natürlich, daß das Mittel im Grunde den Wuchs der Unkrauts dermaßen stimuliert, daß die Zellen schließlich vor lauter Üppigkeit bersten und die Pflanze eingeht, während die Grashalme keinen Schaden davontragen. Höchst seltsam und vielfältig sind die arbeitsschonenden Mittel, die die Wissenschaft inzwischen für den überarbeiteten Gärtner bereit hält.

Statt allein, schlechtgelaunt und vom murrenden Ischias geplagt mit einem Pflanzenheber oder einem abgebrochenen Küchenmesser auf allen vieren auf dem Rasen umherzukriechen, können Sie jetzt lässig flanieren, können hin und her spazieren und dabei mit einer Gießkanne Tod verteilen, während sie sich mit den Freunden unterhalten, die zum Tee gekommen sind. Auf diese Weise verbinden Sie Ihr gesellschaftliches Leben mit der Gartenarbeit, zu der Sie bisher noch nicht gekommen sind. Ihre Freunde finden Sie vielleicht ein wenig zerstreut, aber Sie können sie immer noch zur Arbeit heranziehen, wenn Sie über eine weitere Gießkanne verfügen. Erwachsene wie auch Kinder machen sich gern nützlich; es vermittelt ihnen das Gefühl, wichtig zu sein.

Die Gebrauchsanweisungen, die den Dosen beigelegt sind, sind so klar, daß ich sie hier nicht zu wiederholen brauche. Ich möchte nur auf die Möglichkeit sparsamer Verwendung hinweisen, wir können jetzt die dreifache Stärke kaufen, die mit Wasser verdünnt wird. Für sehr wenig Geld können wir sehr viel Rasen vom Unkraut befreien. Wegerich und Butterblume reagieren außerordentlich schnell auf diese grausame, aber effektive Behandlung; Gänseblümchen und Löwenzahn brauchen vielleicht einen zweiten Durchgang. Und lassen Sie den Kopf nicht hängen, wenn Sie nach einem oder zwei Monaten noch keinen wirklichen Erfolg sehen. Am Ende klappt es immer.

Aber ach, ich hoffe so sehr, daß solche auswählenden Unkrautvertilgungsmittel niemals am Rand unserer Landwege eingesetzt werden. Kein Mittel kann wählerisch genug sein, um wilde Veilchen und Primeln zu verschonen.

Der Streit um die besten Methoden, Rosen von Ablegern zu ziehen, wird sich wohl niemals beilegen lassen. Züchter tun diese Methode gern ab und ziehen es aus naheliegenden Gründen vor, ihre jungen Stecklinge den verschiedenen Dornsträuchern aufzupfropfen. Auf diese Weise läßt sich in kürzerer Zeit eine Pflanze von verkäuflicher Größe ziehen, außerdem sind in Fällen, wo eine große Anzahl von Exemplaren einer Sorte gewünscht wird, von der Elternpflanze mehr Stecklinge zu erwarten als Ableger; drittens behaupten die Züchter, und das vielleicht zu Recht, daß die Kraft der wilden Pflanze auch die Konstitution ihres Pflegekindes stärkt.

Da ich keine Züchterin bin, finde ich es billig und unterhaltsam, zu meinem eigenen Vergnügen allerlei Rosen zu ziehen. Entweder möchte ich mehr von einer Sorte, die ich schon habe, oder ich erbettele mir von Freunden den Ableger einer neuen Sorte. Auf diese Weise habe ich innerhalb weniger Jahre eine ansehnliche Rosengruppe zusammengebracht, die allesamt *aus ihren eigenen Wurzeln heraus* wachsen; sie haben mich nichts gekostet, und ich weiß, daß jedes neue Gewächs, das der Wurzelstock hervorbringt, nicht zu diesen vermehrungssüchtigen Arten gehört, die, wenn man sie läßt, die Rosen schließlich zu den Arten *Rosa canina* oder *Rosa rugosa* zurückführen. Meine neue Gewächse gehören zu ihrer eigentlichen Rose, und ich kann sie dort lassen, wo sie stehen, ich kann sie verpflanzen, und ich kann sie verschenken.

Es ist ein einfaches Verfahren. Sie nehmen Ableger mit reifem Holz, das unten kräftiger wird, und pflanzen sie *sehr fest* auf einem freien Stück Boden, wo sie der Sonne nicht gar zu sehr ausgesetzt sind, in Reihen. Dort lassen Sie sie ein Jahr, danach sollten die Wurzeln entwickelt und zum Umzug bereit sein. Ende September oder Anfang Oktober ist dafür die beste Zeit, obwohl als Alternative manchmal auch der Juli empfohlen wird. Wichtig ist, daß das Holz reif ist, das heißt, nicht zu weich, und daß die Ableger so fest im Boden stecken müssen, daß kein Wind sie losreißen und kein Tauwetter nach einem Frosteinbruch sie hochwerfen kann. Sie sollten immer nach ihnen sehen, wenn eine solche Gefahr bestehen kann, wenn nötig, pflanzen Sie sie noch einmal.

Rechnen Sie nicht mit hundertprozentigem Erfolg; bei manchen kann es einfach nicht funktionieren. Es lohnt sich, doppelt so viele Ableger zu pflanzen, wie Sie wirklich brauchen. Denken Sie auch daran, daß manche Rosen einfach nicht ausschlagen, das ist zum Beispiel bei vielen Centifolien der Fall. Bei allem jedoch ist Erfahrung die beste Beraterin, und zumeist sollten Sie mit Ihren Ergebnissen mehr als zufrieden sein. Ein gesunder Rosenstrauch, den wir selber gezogen haben, ist viel befriedigender als ein fertiger, der von der Post geliefert wird. Nach dem ersten Triumph müssen wir das Experiment einfach wiederholen, und schon bald ertappen Sie sich vielleicht dabei, wie Sie auch noch andere blühende Sträucher nach dieser Methode ziehen. Ich sollte vielleicht noch hinzufügen, daß ein Hormonpräparat wie Seradix A, wie es in jedem Kramladen verkauft wird, die Wurzelbildung sehr stark stimuliert. Anleitungen liegen jeder Flasche bei.

Die Tulpen in Chelsea waren wie immer großartig und farbenprächtig, und in Erwartung der herbstlichen Zwiebelkataloge habe ich mir einige notiert, die mir besonders gefallen haben. Vielleicht entsprechen sie nicht jedem Geschmack, aber wir müssen den Mut haben, zu unseren Überzeugungen zu stehen.

Unter den rötlichen Farbtönen würden sich sicher *Palestrina*, *Prunus* und *Général de la Rey* zu einer wunderschönen lachsrosa Gruppe zusammentun, nicht süßlich rosa wie die alte *Clara Butt*, sondern mit der richtigen Nuance von Orange, die das Süßliche wieder ausgleicht. Es ist immer schwierig, Farben zu beschreiben, vor allem, da die Struktur von Blütenblättern immer noch eine ganz besondere Rolle spielt; Sie könnten sie mit Seide und Samt vergleichen, aber kein Textilstoff hat ein solches Leuchten. Sagen wir, daß *Palestrina*, *Prunus* und *Général de la Rey* Räucherlachs ähneln, wenn Sie sich so dünn geschnittenen Räucherlachs vorstellen können, daß man durch ihn hindurch das Licht sieht. Unter den Dunkelroten sind *Indian Chief* und *Bandoeng* fein und feierlich zugleich.

Ich liebe auch die gefransten Tulpen und halte nichts von der Theorie, ihr federartiges Aussehen sei von einem Virus verursacht. Zuerst war ich von *Black Boy* hingerissen, aber ich habe ohnehin eine Schwäche für all die Rembrandt-, Bizarres- und Bijbloemen-Tulpen, die aus einem niederländischen Blumenbild entsprungen zu sein scheinen. Ich schwärme auch für die großen Papageien-Tulpen, die jedes Jahr zahlreicher werden, wilder und wilder in ihrer Lumpenpracht. Ich nehme an, daß alle Tulpenliebhaber schon seit Jahren *Fantasy* pflanzen, apfelgrün und rosa, und daß sie vermutlich auch zur schwarzen, blauen, orangefarbenen und auch zur Drachenmischung weitergegangen sind. Ich möchte noch *Discovery* erwähnen, altrosa und grün, und *Faraday*, eine weiße Variante von *Fantasy*.

Die Papageien-Tulpen sind allesamt sehr bekannt und eher zu groß und zu wenig standfest für einen kleinen Garten, deshalb kommt jetzt eine kleinere und pflegeleichtere Art zur Sprache, die vorzugeben scheint, sie sei aus Porzellan hergestellt. Haben Sie jemals *Artist* gepflanzt? Wenn nicht, dann sollten Sie sich einige bestellen, sie sind noch teuer, aber sie sind ja auch fast noch eine Neuheit. Terracotta und grün beim ersten Öffnen, später dann rosa, grün und weiß. Für eine Cottage-Tulpe sehen sie seltsam künstlich aus. Artist ist von dezenter Farbgebung, *Fireflame*, »Feuerflamme«, macht ihrem Namen alle Ehre. Eine Variante des schönen alten *Inglescombe*, hat sie das solide Gold ihrer Ahnen mit orangenen und roten Einsprengseln angereichert.

Vielleicht ist die vornehmste aller gestreiften Cottage-Tulpen die *Viridiflora praecox*, sie ist allerdings auch die teuerste, sie kostet wirklich erschreckend viel. Wir können nur hoffen, daß die Preise sinken werden, denn sie ist für Kenner wirklich ein Schatz. Es gibt eine billigere *Viridiflora*, nämlich *Greenland*, ich habe sie jedoch noch nicht gesehen.* Ich habe das Gefühl, daß die reine grünweiße *Viridiflora praecox* vorzuziehen wäre. Leider kommt es eben manchmal vor, daß das Teuerste auch das Beste ist.

Diese Juniabende, wenn uns ausnahmsweise einmal tiefer, warmer, schrägstehender Sonnenschein gegönnt wird, wie selten und wie kostbar sind sie doch! Sie sollten von Glühwürmchen begleitet werden, von kleinen goldenen Lichtern in der Luft, aber auf unseren Inseln hier müssen wir uns mit festwachsenden Blüten begnügen. Und unter diesen kommt den riesigen lachsrosa Sträuchern der alten Rosen zweifellos ein Ehrenplatz zu.

Die alten Rosen sind in letzter Zeit zu neuer Beliebtheit gekommen, und das ist wirklich kein Wunder. Sie verlangen so wenig und geben so viel! Unter alten Rosen verstehe ich Albarosen, Moosrosen, Centifolien, Gallicas, Moschusrosen und die Damaszenerrosen, deren Name ja auch an einen duftenden Sonnenuntergang in südlichen Gefilden denken läßt.

Ich weiß, daß sie weder über Eleganz noch über Brillanz der Teehybriden verfügen, und ich weiß auch, daß viele von ihnen den argen Nachteil haben, nur einmal pro Saison zu blühen, aber wenn sie es tun, dann ist ihre Freigebigkeit unvergleichlich. Sie haben nichts Knausriges oder Geiziges.

* Inzwischen habe ich sie gesehen. Sie ist entsetzlich.

Sie sind von einer Großzügigkeit, die bei Pflanzen wie bei Menschen gleichermaßen wünschenswert ist.

Durch die Renaissance der alten Rosen haben wir zweifellos auch eine Form von Gartenpflege neu entdeckt, die unseren viktorianischen Großeltern vertraut war. Ich erinnere mich an einen 1870 angelegten Rosengarten, der von alten Rosen, die überall aus ihren eigenen Wurzeln herauswachsen, nur so übersät ist, ein Wirrwarr von Rosen, deren Namen ich nicht einmal nennen könnte. Ich habe eine großartige Rosenzüchterin hingeführt, und niemals werde ich ihre Erregung vergessen, sie lief hin und her, sagte, auch sie wisse die Namen nicht, brauche aber Ableger, um diese alten Schätze vor Verlust und Zerstörung zu bewahren.

Glücklicherweise können wir heute solche alten Rosen bei Züchtern kaufen, die sich darauf spezialisiert haben. Ihre Kataloge klingen wie ein einziges langes, aus Namen bestehendes Gedicht: *Reine des Violettes*, *Cardinal de Richelieu*, *Nuits de Young*, *Tuscany*, *Rosa mundi*, die rosaweiß gestreifte Rose, die so oft mit der *York* und der *Lancaster* verwechselt wird. Es gibt so viele, daß ich nur kurze Empfehlungen dafür geben kann, welche Sie pflanzen sollten, wenn Sie in Ihrem Garten Platz genug haben.

In kleinen Gärten ist oft genug einfach nicht so viel Boden vorhanden, wie der Gärtner es sich in seiner Gier wünscht. Vor kurzem jedoch habe ich in dem relativ kleinen Garten einer Freundin eine geniale Idee gesehen, mit der sie sich aus der Enge befreit hatte. Sie hatte anfangs nur ein flaches Blumenbeet, aber anstatt dieses flach und räumlich begrenzt zu belassen, hatte sie aus groben Steinen drei Ebenen von Terrassen angelegt, und diese Terrassen hatte sie mit jeder

Sorte Pflanze gefüllt, die guten Wasserablauf schätzt: Nelken, Grasnelken, Glockenblumen, Bitterwurz, Veilchen, alles ganz normale Pflanzen, aber in dieser Anordnung eine schäumende Masse aus Blüten und Farben. Verstehen Sie, was ich meine? Auf diese Weise erzielen Sie drei Vorteile. Sie haben die Steineinfassung, Sie haben die flachen Flächen unter den Steinen, und oben haben Sie noch ein Beet, in dem Sie anpflanzen können, was Sie wollen. Auf diese Weise haben Sie Ihre Gartenfläche dann verdreifacht.

Zu dem räumlichen Gewinn kommt hinzu, daß es Spaß macht, mit der Bepflanzung von Steinmauern zu experimentieren, auch wenn die Mauer nur zwei Steine hoch sein sollte. Viele Pflanzen, die ansonsten in unserem feuchten Klima eingehen, gedeihen hier. Wenn sie ihre Wurzeln zwischen Steine stecken können, dann scheinen sie sich festzukrallen und selber zu schützen. Wir brauchen keinen Wolkenkratzer zu bauen, wir brauchen nur zwei Reihen von Steinen, um unsere einheimischen Pfingstnelken zu pflanzen.

Wenn ich an einige der Freuden des Frühlings zurückdenke, die bereits hinter uns liegen, dann erinnere ich mich voller Dankbarkeit an das Virginia-Blauglöckchen, *Mertensia virginica*. Gäste aus den USA, die durch meinen Garten schlenderten, starrten sie in mißtrauischer Überraschung an. Für sie galt diese Blume als Unkraut, und ich fürchtete schon, sie würden sie aus lauter Hilfsbereitschaft ausrupfen. Wir vergessen immer wieder, daß die Schätze unseres eigenen Gartens das Unkraut eines anderen Landes sein können. In Japan wurden zum Beispiel die Zwiebeln von *Lilium auratum*, der

Goldbandlilie, Schicht für Schicht gegessen, wie bei uns Artischocken. Erst der Erfolg der Blume auf den europäischen Märkten hat sie dann auch in Japan zu einer beliebten Gartenblume werden lasen.

Meine Gäste waren eben noch vom Anblick ihres ersten englischen Glockenblumenwaldes bezaubert gewesen. Als ich sagte, daß die *Mertensia*, wenn sie ihr einheimisches Augebiet überwuchert, ebenso hinreißend aussehen muß, starrten sie mich an, als habe ich ein Paradoxon vorgetragen. Sie hielten es offenbar für einen Spleen von mir, daß ich sechs arme Exemplare einer Pflanze pflegte, die bei ihnen per Dekar wächst. Meine Freude über meine *Mertensia* konnte das jedoch nicht schmälern. In ihrem wunderschönen Himmelblau und mit ihren graugrünen Blättern hatte sie wochenlang geblüht, von Mitte April bis Ende Mai, im durchbrochenen Licht eines Winkels bei einem Haselnußstrauch. Denn sie gedeiht zwar auch in der Sonne, gehört jedoch zu den nützlichen Geschöpfen, denen der Schatten im Grunde lieber ist. Sie verlangt lockeren, blattreichen Boden mit ein wenig Sand oder Torf; und da ihre sechzig bis neunzig Zentimeter langen Stengel ziemlich zerbrechlich sind, sollten Sie sie mit Reisig stützen, sonst lassen sie die Köpfe hängen oder brechen sogar ab. Machen Sie sich keine Sorgen, wenn sie im Juni ziemlich elend aussehen. Sie sind nicht tot, sie ziehen sich nur ihrer Natur gemäß zurück. Im nächsten Jahr werden sie wieder vorhanden sein.

Ich kann mir keinen Grund denken, aus dem diese Pflanze in den USA Sumpfdotterblume genannt wird. Dotterblumen, das wissen wir alle, sind gelb und gehören zur großen Primelfamilie. Das Virginia-Blauglöckchen jedoch ist so blau wie der bei uns inzwischen einheimisch gewordene Schwarzwurz, auch Beinwell genannt, zu dessen Familie sie auch gehört, zu den *Boraginaceae*. Pflanzen Sie Schwarzwurz? Ein gräßlicher Wucherer, aber so erfrischend blau unter einem grauen Junihimmel. Er ist ein guter Nachfolger für *Mertensia* und hat auch nichts gegen Schatten einzuwenden. Seinen anderen Namen, *peregrinum*, also Pilgerer oder Wallfahrer, hat er verdient, denn er pilgert durch den ganzen Garten. Sie können ihn immer noch ausreißen, wenn er sich zu üppig ausbreitet, und ihm wieder seinen ursprünglich geplanten Aufenthaltsort zuweisen.

Ich bin gebeten worden, etwas über Kletterpflanzen an Bäumen zu schreiben. Ich bilde mir ein, dieses Thema schon einmal behandelt zu haben, aber da ich diese Art des Gärtnerns ganz besonders liebe, ist mir diese Bitte natürlich sehr willkommen, und ich hoffe auf Verständnis, falls ich mich wiederholen sollte.

Wie oft steht in einem Garten ein wertloser alter Baum, ein Apfelbaum vielleicht, oder einer der alten Birnbäume, dessen Früchte niemals weicher ausfielen als Kieselsteine, oder sogar ein abgestorbener Baum, der eigentlich der Axt anheimfallen sollte.

Forstmann, schonet diesen Baum!

Rührt auch nicht einen seiner Zweige an!

wie George Pope Morris irgendwann im letzten Jahrhundert so passend schrieb, worauf er folgen ließ, daß der Baum ihm in seiner Jugend Schutz gewährt habe und deshalb heute seinen Schutz beanspruchen könne. Wenn er heute William

Robinsons Beispiel aus dessen einst berühmtem Garten in Gravetye folgen wollte, dann würde er diesen Baum zweifellos als Spalier für irgendeine sich schlängelnde und windende Kletterpflanze genutzt haben, so wie Mr. Robinson Rosen, Geißblatt, Clematis und wilden Wein durcheinander pflanzte und sie selber ihren Weg hinauf ins Licht finden ließ. Schwarzbraune, düstere Bäume wie eine Lawson-Zypresse oder eine Thuja bieten sich für dieses Verfahren ganz besonders an, denn der dunkle Hintergrund betont die Schönheit der Kletterpflanzen-Blüten und bietet jeden gewünschten Halt. Die bekannte Monberey-Zypresse, *macrocarpa*, wächst zu einem recht hohen Baum in Pyramidenform heran, und wenn wir die unteren Zweige abschneiden und den Stamm kahl dastehen lassen, dann ist sie ideal. Eine energische Steigerin wie *Clematis montana* hat sie bald bis zum Wipfel eingehüllt; diese kleinblütige Clematis gibt es mit weißen Blüten und der rosa Variante *rubra*. Der Schlingknöterich, *Polygonum baldschuanicum*, einer der schnellsten Kletterer, erreicht eine Höhe von über drei Metern und besticht durch seine cremeweißen, federähnlichen Blätter. Und es ist wohl kaum nötig, hier noch das Loblied der Wisteria zu singen.

Ein Vorteil dieser Kletterpflanzen im kleinen Garten ist, daß sie kaum Bodenfläche wegnehmen. Der Boden allerdings sollte vorher genügend angereichert werden, da die Baumwurzeln ihn immer ausplündern und auch einen Großteil der Feuchtigkeit absorbieren. Sorgen Sie also dafür, daß eine frisch gesetzte Kletterpflanze in der ersten Saison keinen Durst leiden muß, später hat sie sich dann eingelebt und ihre eigenen Wurzeln weit oder tief genug ausgestreckt, um der schlimmsten Dürre im Nahbereich zu entgehen.

Je länger wir gärtnern, um so mehr lernen wir; und je mehr wir lernen, um so häufiger geht uns auf, wie wenig wir wissen. Ich nehme an, das ist überall im Leben so; die endlosen Komplikationen, die endlosen Schwierigkeiten, der endlose Kampf gegen dieses oder jenes, ob es sich dabei nun um grüne Blattläuse auf den Rosen oder die Unwägbarkeiten der persönlichen Beziehungen handelt.

Ich mußte an Wisterien denken, an die alte malvenfarbene Sorte, weil ihre augenfällige Schönheit mich an Ansichtskarten und Teegärten an Flußufern erinnert. Wir sollten uns vielleicht solchen billigen Assoziationen nicht hingeben, jede Pflanze nur im Licht ihrer eigenen Schönheit betrachten und uns jeglichen botanischen Snobismus verkneifen. Doch so gewissenhaft wir auch versuchen, unsere allzu objektive Haltung aufrechtzuerhalten, manchmal ist es einfach unmöglich, sich nicht beeinflussen zu lassen. Ich gebe mir zum Beispiel alle Mühe, eine Aubrietie so zu betrachten, als sähe ich sie nicht zum hunderttausendsten, sondern zum ersten Mal. Das versuche ich auch beim Goldregen, sicher ein Baum wie aus einem Märchen, mit seinen goldenen Blüten, einem ruhigen Feuerwerk, das niemals als verkohlte Reste zu Boden fällt.

Das alles, Aubrietien und Goldregen und Wisterien, fallen in meiner Vorstellung in dieselbe Kategorie, und ich fragte mich, wie es möglich sein könnte, sie aus ihrer üblichen Verwendung zu retten. Und dann sah ich plötzlich eine Wisterie, die ich sicher schon vor Jahren gepflanzt und dann vergessen hatte. Sie war an einem Feigenbaum in die Höhe gewachsen und hatte sich den Weg hinauf ins Licht erkämpft. Und nun beugte sie sich wieder abwärts, um sich mit einer Clematis namens *The President* zu treffen, deren große mauvefarbene Blüten zu ihren genau paßten.

Solche Überraschungen gleichen die Enttäuschungen aus.

Doch wie dem auch sei, um diesen Artikel abzuschließen, möchte ich vorschlagen, daß Sie weiße Wisterien pflanzen. Man sieht sie nicht oft, aber gute Züchter können sie liefern. Und sie sind einfach wunderschön, in ihrem reinen Weiß, wie ein Wasserfall oder aufstiebende Gischt.

Fast allen Gärtnern ist eine bestimmte Form von Heuchelei eigen. Und das gilt nicht nur für den sanften Amateur, sondern auch für den härtestgesottenen Fachmenschen, der normalerweise durchaus nicht als sentimental oder ängstlich gelten kann. Ich spreche hier von der menschlichen Schwäche, die, wenn wir sie mit unserem festen Willen paaren, uns von Raupen und Schnecken zu befreien, davor zurückschrecken läßt, uns am nächsten Morgen über die Folgen unserer nächtlichen Bemühungen zu freuen.

Nachdem wir unser gutes Frühstück genossen haben, gehen wir hinaus, um die schleimigen grünlichen Überreste zu betrachten. Dicke schwarze Raupen von zwölf Zentimetern, kleine schwarze Raupen von drei Zentimetern, Schnekken, deren Innereien unter ihren wunderschönen eleganten Schneckenhäusern hervorquellen … Das Gift hat nur zu gut gewirkt. Unter welchen Qualen mögen in der Dunkelheit der Nacht diese erbärmlichen Geschöpfe Gottes ihr Leben gelassen haben? Wir haben es so verfügt, wir wußten, nein, wir hofften, daß es so kommen würde, aber wenn wir es sehen, gefällt es uns überhaupt nicht. Wir denken an die lyrischen Wendungen, mit denen Dichter unsere Opfer bedacht haben:

»Wir sehen auf dem Heckenzweig auf feuchtem Steg die schwarze Schnecke kriechen über moosigen Dorn, mit ernstem Streben und dem Ziel entgegen, du zarter Bruder des Morgens!«

Auch Shakespeare machte einen schmeichelhaften Vergleich:

»Liebe ist oft weicher und empfindsamer noch als die sanften Fühler einer Schnecke in ihrem Haus.«

Das alles ist sehr schmerzhaft, unangenehm und sogar ekelhaft. Doch was können wir dagegen tun? Wir müssen unseren zarten Bruder mit seinen sanften Fühlern vernichten oder unsere Setzlinge aufgeben, wir haben die Wahl. Ich glaube, die Setzlinge werden Sieger bleiben, müssen Sieger bleiben. Wir müssen ihre Feinde töten, aber wenn wir human empfinden, dann werden wir diesen Meuchelmord auf eine Weise begehen, die unser heuchlerisches Wesen am wenigsten verletzt.

Ich glaube, wir haben die Antwort in einem Schneckenvernichtungsmittel gefunden, das Raupen und Schnecken vertrocknen und einschrumpfen läßt. Es funktioniert wirklich, ich habe es ausprobiert. Es heißt »Anti-Slug« und ist angeblich für Pflanzen, Vögel und andere Tiere ungefährlich. Und ich hoffe nur, daß es den bescheidenen Feinden, die über unsere Wege kriechen und vernichtet werden müssen, keine unnötigen Leiden verursacht.

Bestimmt habe ich schon früher über die gelassene Freude geschrieben, aus Samen Pfingstrosen zu ziehen. Gelassen ist diese Freude, weil es bis zur ersten Blüte vier oder fünf Jahre dauert; Freude empfinden wir aber trotzdem, weil wir nie genau vorhersagen können, wie diese Blüten aussehen werden, und weil viele interessante Variationen möglich sind. Einige Samen einer eher öde kastanienbraun gefärbten *Paeonia delavyii* lieferten lackrote Nachkommen. In der üblichen Perversität der Pflanzen haben auch die Eltern überlebt und sind nun viel zu groß für den Platz, den ich ihnen zugewiesen hatte; ein Buchfink hat darin sein Nest gebaut, und das sieht bezaubernd aus, aber ich hätte mir nie träumen lassen, daß dieser Strauch fast 2,50 Meter groß werden würde. Das Kind, auf das ich wirklich stolz war, fiel ohne Vorwarnung vermutlich der »Welke« genannten Krankheit zum Opfer. Diese Krankheit, die von einem Pilz hervorgerufen wird, ist ansteckend, befallene Pflanzen sollten vernichtet werden.

Die schöne blaßgelbe *P. mlokosewitschii* ist farblich ebenfalls ein wenig anders als die Nachkommenschaft. Eine buttergelbe Elternpflanze brachte mir eine grüngelbe zweite Generation. Diese beiden freudigen Ereignisse dienen sicher als Beweise für meine Behauptung, daß es sich lohnt, die Reste unserer Samen oder auch gekaufte Samen wachsen zu lassen. Verwechseln Sie aber die heutigen Arten nicht mit der alten krautartigen Pfingstrose der Cottage-Gärten und Beetkanten. Die heutigen sind viel subtiler und erlesener. Ihr einziger Fehler ist vielleicht, daß ihre Blüten flüchtiger sind. Sie können das dadurch ausgleichen, daß Sie Ihre Pflanzen in den Halbschatten setzen, denn heißer Sonnenschein wird sie sehr schnell zum Welken bringen. Glücklicherweise ist

ihnen der Halbschatten auch lieber, und allein schon deshalb empfehlen sie sich als Unterpflanzung für ein Wäldchen aus kleinen Standardbäumen wie Zierpflaumen und Zierbirnen, unter denen der Boden nach der Blütezeit der Bäume oft sonst kahl und langweilig bleibt.

Ich möchte die blassen Arten eher empfehlen als die leuchtend roten. Die bleichen, gespenstischen, papierhaften Blüten von *P. wittmanniana*, *Whitleyi major*, *White Wings* und der weißen *emodi* lassen um die Mittagszeit an Mondlicht denken. Die magentaroten sind meiner Ansicht nach zu kräftig, um sich unter diese Geister zu mischen.

Ich weiß nicht, wie viele Gärtner Prairiekerzen pflanzen, aber wer es noch nicht tut, sollte damit anfangen. »Ist das diese blasse Feuerkerze?« wurde ich einmal gefragt. Die Antwort darauf ist: *Camassia cusickii*, die Quamash der nordamerikanischen Indianer, die die Zwiebeln verspeisen. Ich erwähne sie hier, scheinbar ohne Zusammenhang, weil mir nun geraten worden ist, den Samen zu sammeln und ihn im Gras auszustreuen. Dann, so wird mir versichert, wird die Wiese in etwa vier Jahren so neblig blau sein wie ein Meer von Glokkenblumen. Sowie sie reif sind, sollten sie ausgesät werden, einfach ausgestreut, der Boden braucht nicht einmal angeritzt zu werden. Das verblüfft mich, aber nachdem ich mit Krokussen bei einem ähnlichen Experiment Erfolg gehabt habe, will ich es auf jeden Fall probieren.

Plötzlich ging mir ein seltsames Versäumnis in all den Jahren auf, in denen ich nun schon diese Spalte für den *Observer* schreibe: Ich habe offenbar niemals die vielen Vorteile der *Iris sibirica* gepriesen. Dieses Versehen muß eine Form von Undankbarkeit sein. Die menschliche Natur hat einen üblen Zug, der uns das zuvorkommende, umgängliche, dienstbeflissene Wesen mancher Leute für selbstverständlich halten und uns vergessen läßt, ihnen zu danken. Ich würde dieses Versehen gern wiedergutmachen und mich an dieser Stelle bei dieser eleganten Iris bedanken, deren zarte dunkellila, lavendelblaue und weiße Blütenköpfe sich elegant auf ihren schilfartigen Stielen erheben. Ihre Farben variieren, und das ist eine ihrer attraktivsten Eigenschaften. Wenn Sie sie ins Licht halten, dann werden Sie ihre zarte Äderung sehen.

Sie läßt sich sehr leicht ziehen, denn sie fühlt sich am Wasser in einem ziemlich feuchten Bett wohl, nur möchte sie nicht das ganze Jahr hindurch unter Wasser gesetzt werden. Am besten geeignet sind ein normales Beet oder eine Einfassung, und eigentlich wächst sie überall, sie sät sich sogar an überraschenden Stellen selber aus, wie ich neulich in meinem Garten beobachten konnte.

Ich sage »neulich«, weil es mich überraschte, *Iris sibirica* in Ecken zu finden, wo ich sie niemals gepflanzt hatte, und ich konnte mir einfach nicht vorstellen, wie sie dorthin gelangt sein mochte, bis ich dann entdeckte, daß die Setzlinge dieser Iris bis zur ersten Blüte nur zwei Jahre brauchen. Die Setzlinge zeigen nicht notwendigerweise die Farbe ihrer Eltern, aber wir können immer das Glück haben, besonders schöne Exemplare zu bekommen. Aus diesem Grund empfiehlt es sich, in einem ungenutzten Stück Boden eine Saatrille anzulegen und sich nach zwei Jahren vom Ergebnis überraschen zu lassen.

Dasselbe gilt für *Iris chrysographes*, diese exquisite Verwandte der *I. sibirica*. Auch deren Samen bringt nach zwei Jahren zum ersten Mal Blüten. Diese Iris stammt aus China und ist vielleicht eher für Kenner geeignet als für Liebhaber, die sich vor allem den Masseneffekt wünschen, der von der hohen, schlanken *Sibirica* schneller zu erhalten ist. *Iris chrysographes* wird nur dreißig Zentimeter hoch und muß aus nächster Nähe betrachtet werden, wenn ihre Schönheit sich uns wirklich entfalten soll. Aber sie läßt sich recht leicht ziehen, so wir ihr nur eine Stelle bieten können, die niemals austrocknet und viel Humus aufweist.

Iris sibirica ist eine Pflanze für alle. Sie bildet dicke Klumpen aus eher unordentlichen Blättern, deren Unordnung im Juni dann aber durch die üppigen, großen Blüten aufgehoben wird. Sie blüht mehrere Wochen lang, da die vielen Knospen sich nacheinander öffnen.

Alle, die Iris anpflanzen, waren in diesem Jahr bestimmt zufrieden. Nachdem sie im Sommer 1956 von der Sonne geradezu gebraten worden sind, war ihre Üppigkeit in diesem Jahr überwältigend.

Die Iris ist eine der pflegeleichtesten Gartenpflanzen, und gerade deshalb wird sie oft auf unvernünftigste Weise mißhandelt. Nur zu häufig wird sie in eine schattige Ecke verbannt, wo sie dann brav einige Spitzen produziert, aber stellen Sie sie doch einmal in die Sonne und lassen Sie sich von diesem Unterschied überraschen! Manchmal wird ihr sogar ein schwerer, wassergesättigter Boden zugemutet, wie sie ihn überhaupt nicht leiden kann, aber geben Sie ihr brauchbaren entwässerten Boden, und lassen Sie sich abermals von diesem Unterschied überraschen! Sie mag auch Kalk, in Form von alten Mörtelbrocken oder von zerstoßenem Kalk. Auch eine Handvoll Knochenmehl auf den Quadratmeter verfehlt seine Wirkung nicht.

Ein großer Vorteil der Iris ist die Schnelligkeit, mit der sie sich vermehrt. Ich weiß, daß einige der besseren Varianten im Handel sehr teuer sind, aber ein einziger Wurzelstock verdrei- oder vervierfacht sich innerhalb von zwölf Monaten so unaufhaltsam wie ein offizielles Dokument – nur eben auf viel angenehmere Weise. In dieser Jahreszeit sollten Iris geteilt und verpflanzt werden. Graben Sie die Knolle aus, die wie ein Ball auf fetten braunen Flußkrebsen aussieht, und Sie werden etliche weiße, zum Wachsen bereite Wurzeln finden. Schneiden Sie die Mitte dieser Knolle heraus, das ist der Teil, der schon geblüht hat, und behalten Sie nur die jüngeren Seitenteile. Pflanzen Sie diese, jede für sich, ohne sie im Boden zu vergraben. Das klingt leichter, als es wirklich ist, denn Sie müssen sie fest im Boden unterbringen, damit sie sich nicht lockern oder umfallen können. Es gehört zu diesen Aufgaben, die erfahrene Gärtner uns mit freundlicher Miene auftragen, während wir uns dann den Kopf darüber zerbrechen, wie wir das bewerkstelligen sollen.

Eine alte Meinungsverschiedenheit dreht sich um das Beschneiden der Blätter. Hier heißt es, Sie sollten beschneiden, dort heißt es, daß Sie es lieber lassen sollten. Wer dazu rät, führt als Argument an, daß die frischgepflanzten Wurzelstöcke weniger leicht vom Wind aus dem Boden gerissen werden können, wenn der keinen hohen Blattfächer erfassen kann. Ich vertrete ebenfalls diese Meinung. Ich würde das Blatt natürlich nicht ganz unten abschneiden, das nicht, aber ich sehe wirklich keinen Grund, warum es nicht auf halber Höhe passieren könnte, schließlich werden die Spitzen ohnehin absterben und braun werden, der Wurzel kann auf diese Weise also keine grüne pflanzliche Nahrung entzogen werden, dieser geheimen Schatzkammer, aus der immer wieder überraschende Blumen auf überraschende Weise entspringen.

Ich will mich gar nicht dafür entschuldigen, daß ich mich nach langer Pause nun wieder der *Alstroemeria* oder Inkalilie zuwende, was ein ziemlich seltsamer Name ist, da diese Blume aus Chile oder Brasilien kommt. Sie blüht um diese Zeit und müßte während der nächsten zwei oder drei Wochen am schönsten sein. Die übliche alte, eher langweilige Form *A. aurea* sollte man nun wirklich nicht mehr pflanzen, schließlich stehen uns so wunderbare Varianten zur Verfügung wie *A. hookeri* oder die *Ligtu-Hybriden*, die sich zu allen Farbnuancen zwischen strohigem Ocker und Korallenrosa öffnen und die nicht nur im Garten herrlich aussehen, sondern auch zu den schönsten Schnittblumen gehören, da sie sich im Wasser selber höchst elegant arrangieren und ungewöhnlich lange halten.

Ein Beet voller *Alstroemeria ligtu* im Sonnenschein scheint zu glühen. Ich würde gern ein halbes Dekar davon anpflanzen, am liebsten ein Stück weit entfernt, und sei es nur, um die Vorübergehenden aufkeuchen zu hören.

Darf ich zwei oder drei Bemerkungen über den Anbau machen, wie meine persönliche Erfahrung sie mir diktiert? Erstens, ziehen Sie sie aus Samen, den Sie an der Stelle aussäen, wo sie weiterhin stehen sollen. Die Wurzeln sind so zerbrechlich, und sie mögen einfach nicht verpflanzt werden. Sie hassen solche Umzüge so sehr, daß sogar Setzlinge, die wir ganz vorsichtig aus Töpfen herausnehmen, zu spüren scheinen, daß etwas Gefährliches und Erschütterndes mit ihnen vorgeht, und sie aus Rache dann nach unergründlicher Pflanzenmanier ganz einfach sterben. Zweitens sollten Sie sie entweder dann säen, wenn die Samen frisch geerntet sind, oder im zeitigen Frühling, was ich eigentlich noch vorziehen würde. Drittens, säen Sie sie an einer sonnigen, trockenen Stelle. Viertens, bedecken Sie sie im ersten Winter mit einer schützenden Schicht aus Farn zum Beispiel. Wenn Sie das alles beherzigt haben, dann brauchen Sie sich über Ihre Pflanzen keine Sorgen mehr zu machen, abgesehen davon, daß Sie sie mit Reisig stützen sollten, sowie sie mehr als achtzehn Zentimeter groß werden, denn die Stengel sind zerbrechlich und werden von Wind und Regen leicht geknickt. Sie werden feststellen, daß Ihre Blumengruppen immer größer und schöner werden, wenn in der näheren Umgebung überall selbstgesäte Setzlinge aus dem Boden lugen.

Von Rosen berauscht, schaue ich mich um und weiß nicht, welche ich empfehlen soll. Ich glaube nicht, daß ich im Zusammenhang mit Kletterrosen jemals *Lawrence Johnstone* erwähnt habe, knallgelb, schöner als die beste Butter, und so energisch, daß sie innerhalb von zwei Saisons drei Meter

Mauer bedecken kann. Sie ist offenbar bei weitem nicht so bekannt, wie sie es verdient hätte, nicht einmal unter ihrem alten Namen *Hidcote Yellow*, und dabei gibt es sie schon seit 1923. Außerdem wurde sie 1948 von der Royal Horticulture Society mit einem Award of Merit ausgezeichnet. Die Knospe, die wunderschön spitz geformt ist, öffnet sich zu einer lockeren, mehr oder weniger einzelnen Blüte, die erst im letzten Moment ihre Farbe einbüßt. Im Laufe der Zeit kann sie bis zu zehn Meter hoch werden, aber wenn Sie nicht genug Platz für eine dermaßen bewegungssüchtige Pflanze erübrigen können, dann sollten Sie zu *Le Rêve* greifen, die sich in Blüte und Blatt kaum davon unterscheidet und nicht dermaßen heftig wächst.

Es gibt eine relativ neue Moschushybride, *Grandmaster*, die sich als Busch vor *Lawrence Johnstone* oder *Le Rêve* gut machen würde. Sie ist einfach exquisit, sehr viel besser als die andere Moschushybride, *Buff Beauty*, obwohl auch die durchaus als Schönheit durchgehen kann. *Grandmaster* ist fast eine Einzelblüte, außen lachsrosa, innen von sehr blassem Gold, leider duftet sie nicht, wie es von einer Moschusrose doch zu erwarten wäre, aber die ungeheure Schönheit des mit großen goldenen Schmetterlingen scheinbar vollbesetzten Strauchs macht diesen Nachteil wieder wett. Diese Rosensträucher sind von unschätzbarem Wert, sie machen so wenig Arbeit und bedecken zu einem so geringen Preis so viel an Platz.

Wenn Sie die gelben Blüten nicht so recht lieben, dann finden Sie in der *Complicata* ein perfektes Rosa. Riesige Einzelblüten an sehr langen Zweigen. Ich weiß wirklich nicht, warum sie »*Complicata*« heißt, denn ihre Züge sind so rein und klar, daß sie aus einer chinesischen Zeichnung stammen könnten. Sie ist ein wahrer Schatz, wenn Sie ihr genug Platz zum Austoben lassen können. Ob Sie sie leicht stützen oder ihr freien Auslauf lassen, ist Ihre Entscheidung. Ich halte ihr elegantes Chaos für einen Teil ihres Charmes, und egal, was Sie mit ihr machen, Sie können sich darauf verlassen, daß sie im Juni dann wirklich jeden Winkel füllt.

Ein Strauch, der mir seit mindestens vier Wochen mit seinen Blüten große Freude macht, ist *Abutilon vitifolium*, doch ehe ich sein Lob singe, möchte ich noch die Nachteile aufzählen, was immer anzuraten ist. Zum ersten ist die Schönmalve nicht für rauhes Klima geeignet. Suchen Sie eine geschützte Nische zwischen Mauern oder Hecken aus, dort kann sie in den südlichen und natürlich den südwestlichen Grafschaften einen normalen Winter überleben. Sie sollte jedoch niemals an einer ungeschützten Stelle stehen. Zum zweiten hat sie kein sehr langes Leben und stirbt manchmal ohne Vorwarnung. Zum dritten – nein, mir fällt einfach kein dritter Nachteil ein, weswegen ich mich jetzt den Vorzügen zuwenden kann.

Wie ihr Name ja schon andeutet, so hat diese Pflanze weinartige Blätter von blassem Grüngrau, die in Mai und Juni mit fünfblättrigen Blüten dicht besetzt sind. Diese Blüten können in blassem Lavendel, in der Farbe von Parmaveilchen und einem reinen Weiß mit goldenen Staubbeuteln gehalten sein. Sie müssen selber entscheiden, welche Ihnen lieber ist, lila oder weiß. Mit meiner Neigung zu weißen Blüten habe ich mich für die weißen entschieden, die im Mondlicht fast gespenstisch wirken. Die Blüten ähneln einer einzelnen Stockrose, und das ist kein Wunder, da *Abutilon* zur Familie der *malvaceae* oder Malven gehört. Aber auch eine Ähnlichkeit mit der großen japanischen Anemone ist zu sehen, wenn Sie sich vorstellen können, daß eine japanische Anemone sich in einen Strauch verwandelt.

***

Abutilon kann in recht kurzer Zeit über drei Meter hoch werden, und obwohl es die unglückliche Angewohnheit hat, plötzlich einzugehen, läßt es sich normalerweise durch seine eigenen Samen erneuern, denn die werden in der üblichen verschwenderischen Menge hergestellt, die die Natur offenbar für nötig hält. Einige wenige Samen in einem Topf ergeben normalerweise genügend neue Pflanzen, um die Großmütter zu ersetzen. Aus den Samen werden Pflanzen, aber wir wissen nie, ob wir die weiße oder die malvenfarbene Variante erhalten werden, und das ist eigentlich immer ein ziemlich aufregendes Experiment.

Abutilon vitifolium stammt aus Chile und wurde erstmals 1836 in Irland angepflanzt, es ist in unseren Gärten also schon relativ lange vertreten. Da es im Frühling oder Frühsommer einen schönen, kühl aussehenden Strauch ergibt, würde ich es jederzeit empfehlen. Vor einem so dunklen Hintergrund wie möglich, einer dunklen Hecke zum Beispiel, die die Blässe der silbrigen Blätter und der Blüten betont, macht es sich zweifellos gut. Viel hängt davon ab, daß die Pflanze an die richtige Stelle gesetzt wird, aber das betone ich ja in so ungefähr in jedem Artikel.*

* An dieser Stelle muß ich hinzufügen, für den Fall, jemand interessiere sich für *Abutilon vitifolium*, daß mir netterweise ein Leser einige Setzlinge einer gefüllten oder halbgefüllten rosa Art geschickt hat, die aus Südspanien stammen. Es wäre wirklich eine Bereicherung, wenn sie sich in unserem Land wohl fühlen würden.

JULI

Es erstaunt und beunruhigt mich immer wieder, wenn ich sehe, wie schnell bestimmte Rosen innerhalb weniger Jahre wachsen. Eine solche Rose ist *Mme. Plantier*. Wir pflanzten sie am Fuße eines wertlosen alten Apfelbaums, in der vagen Hoffnung, damit einige Dutzend Zentimeter des Stammes verdecken zu können. Inzwischen ist sie fünf Meter hoch und hat einen Umfang von über vierzehn Metern, oben wird sie schmaler, wie die Taille einer viktorianischen Schönheit, unten breitet sie sich zu einer riesigen Krinoline aus, die überall mit weißen, süßduftenden Blumenkissen bestickt ist.

Mme. Plantier geht auch wirklich auf das Jahr 1835 zurück, zwei Jahre vor Thronbesteigung Königin Victorias, so daß wir behaupten können, sie und die Königin seien gemeinsam den Krinolinen ihres Erwachsenenlebens entgegengewachsen. Königin Victoria ist tot, *Mme. Plantier* jedoch ist noch überaus lebendig. Ich betrachte sie gern im Mondschein: Sie leuchtet wie ein birnenförmiges Gespenst, das es schafft, matronenhaft und jungfräulich zugleich auszusehen. Sie muß an ihrem Baum festgebunden werden, sonst ist sie ein struppiger Strauch; wir haben festgestellt, daß es sich empfiehlt, eine Art Dreifuß aus Bohnenstangen am Baum zu befestigen und die Triebe daran zu befestigen.

Eine meiner anderen weißen Lieblingsrosen ist *Paul's Lemon Pillar*. Eigentlich dürften wir sie gar nicht als weiß bezeichnen. Ein Maler würde sie eher als grünlich bezeichnen, unterlegt mit Schwefelgelb, und ihre großen Verdienste sind nicht nur ihr heftiges Wachsen und ihre üppige Blütenbildung, sondern auch ihre perfekte Form. Jede Blüte ist wie von Bildhauerhand gestaltet und erinnert an abgerundete Marmorflächen, wenn wir uns aus weichstem elfenbeinfarbenem Wildleder hergestellten Marmor vorstellen dürfen. Die ausgewachsene Blüte ist kaum weniger schön; und wenn die erste Blütenexplosion zu Ende geht, bedeckt ein Teppich aus dicken weißen Blütenblättern den Boden so dicht, als sei er dort ausgelegt worden.

Die alte *Mme. Alfred Carrière* steht jetzt ebenfalls in voller Blüte. Sie ist kleiner als die *Paul's Rose* und hat auch keine Marmorambitionen. *Mme. Alfred*, weiß, mit einem Hauch von Muschelrosa, ist von dem süßen Duft echter Rosen und wächst an den Dachbalken jedes normal geschnittenen Hauses, sogar an einer West- oder Nordwand. Ich würde mich freuen, wenn demnächst sämtliche Plattenbauten in diesem Land hinter einem solchen weißgrünen Vorhang unsichtbar wären.

Um diese Jahreszeit haben die meisten unserer Pflanzen ihren sommerlichen Höhepunkt erreicht. Jetzt sollte der klarsichtige Gärtner nicht nur mit seinem Notizbuch umherwandern, sondern auch mit seiner Baumschere und mit diesem unersetzlichen Instrument an einer drei Meter langen Stange, das in einem Papageienschnabel endet, der sich öffnet und jeden unerwünschten Zweig so leicht abschneidet, wie Sie Ihren Finger krümmen.

Eine Runde wohlüberlegtes Abschneiden, Kappen und Kürzen hier und dort ist oft von großer Wirkung. Manchmal machen wir dann ganz neue Entdeckungen, wo überhängende Zweige bisher den Ausblick verdeckt haben. Vielleicht sehen wir in der Ferne bunte Blumen, die bisher hinter einem überwucherten Dornbusch oder anderen unerwünschten Gewächsen verborgen waren. Wir kommen uns dabei vor wie ein Landschaftsgärtner in kleinem Maßstab – und welcher Gärtner kann sich heute noch das Gärtnern in großem Stil erlauben? Und sicher geht es uns auch ein bißchen wie einem Maler, der bei seiner Leinwand letzte Hand anlegt: der einen Hauch Blau oder Gelb oder Rot anbringt, um das Bild zu vollenden und daraus ein befriedigendes Ganzes zu machen.

Der gute Gärtner hat jetzt die Gelegenheit, seinen Garten abzurunden und Notizen für die zukünftige Bepflanzung zu machen. Er wird Lücken entdecken und überlegen, wie er diese im Herbst mit neuen Pflanzen füllen kann. Er wird Kataloge durchsehen und hemmungslos Pflanzen bestellen.

Darf ich ihm empfehlen, einige Pflanzen auszusuchen, deren Schönheit und Qualität in ihrem Blattwerk liegen? Für einen Garten ist es sehr wichtig, daß sich unter die bunten Blumen auch wohlgeformte Blätter mischen. *Acanthus* (Bärenklau) macht sich gut, und das ist auch der Fall bei den *Hostas*, die früher *Funkien* genannt wurden, mit ihren graugrünen Blättern. Beim Gartenbau geht es weitgehend darum, eine Art von Pflanzen mit einer anderen Art von Pflanzen zu kombinieren und dann das Ergebnis abzuwarten. Wenn Sie feststellen, daß sie nicht zueinander passen, dann müssen Sie die falsche ohne Zögern wieder entfernen.

Nur so lassen sich Gärten anlegen, und deshalb rate ich allen Gärtnern, jetzt durch ihre Gärten zu gehen – und sich zu notieren, was entfernt und was später gepflanzt werden sollte.

Der wahre Gärtner muß brutal sein und voller Phantasie an die Zukunft denken.

In den vielen Jahren, in denen ich nun schon jede Woche im *Observer* schreibe, habe ich bestimmt schon einmal *Hoheria Lyallii* erwähnt. Ich weiß wirklich nicht, warum er nicht häufiger angepflanzt wird, man braucht nur eine geschützte Ecke und muß sich einen Strauch von drei Metern wünschen, der in der schwierigen Zeit zwischen Ende Juni und Anfang Juli blüht und dann in weißgoldenen Blüten der Malvenfamilie schier ertrinkt, zu denen auch die Stockrose gehört, und der sich dermaßen großzügig aussät, daß Sie daraus einen ganzen Wald anlegen könnten, wenn Sie Zeit hätten, die Setzlinge zu setzen, und wenn überhaupt genug Platz vorhanden wäre.

Dieser wirklich schöne Strauch überrascht mich jedes Jahr mit seiner Üppigkeit. Ich vergesse ihn dann, und im nächsten Jahr produziert er wieder diese Blütenmengen, die an den Pfeifenstrauch erinnern, mit dem er auch leicht verwechselt werden kann. Ich finde ihn aber noch schöner als den Pfeifenstrauch, wegen seiner hübschen blassen Blätter. Dieser Eingeborene der neuseeländischen Südinsel ist angeblich für die kälteren Teile unseres Landes nicht geeignet. Deshalb rate ich, ihn in eine geschützte Ecke zu stellen. Ich kann Ihnen aber auch verraten, daß er hier in Kent schon viele eisige Winter überlebt hat, sogar den grauenhaften Eisregen des Winters 1946-47 und den grausamen Februar 1956, an

den wir uns doch alle noch erinnern, und mir scheint das Empfehlung oder Zeugnis genug zu sein, um diesem hübschen Geschöpf eine Chance zu geben.

Er hat noch andere Vorzüge. Er hat nichts gegen kalkreichen Boden, und das ist immer wichtig für Gärtner, auf deren Grundstück keine Kalkhasser gedeihen können. Er will keine reichhaltige Ernährung, denn dann produziert er eher Blätter als Blüten. Das bedeutet, daß Sie Kompost oder organischen Dünger oder Kunstdünger sparen, den Sie anderswo besser anwenden können. Bienen lieben diesen Strauch. Wenn Sie im Mittsommer daran vorbeigehen, dann wimmelt es darin nur so von geschäftig summenden Bienen.

Es scheint nicht ganz festzustehen, wie denn nun sein richtiger Name lautet. Ich habe ihn zuerst als *Plagianthus Lyallii* gekannt, während er nun in *Hoheria Lyallii* umgetauft worden ist, und auch damit kann ich mich zufriedengeben. Solange ein Strauch mir soviel Freude macht, ist es mir ziemlich egal, wie die Botaniker ihn zu nennen belieben. Ich bin keine Botanik-Expertin; ich weiß nur auf meine amateurhafte Weise, was in meinem Garten gut aussieht, und kann Ihnen vorschlagen, was sich in Ihrem ebenfalls gut machen würde.

Wenn wir die Idee nicht bis ins Endlose ausreizen und wenn wir Platz genug haben, dann ist es interessant, einen einfarbigen Garten anzulegen. Und manchmal ist es mehr als nur interessant. Es macht großen Spaß und ist ein unterhaltsames Experiment, das sich immer noch verbessern läßt, da Sie alles wegnehmen können, was nicht hineinpaßt oder ihnen doch nicht so recht gefällt. Und danach setzen Sie einfach etwas Besseres an seine Stelle.

In meinem eigenen Garten gibt es zwei kleine Untergärten dieser Art. Einer ist ein typischer Cottage-Garten, ein Wirrwarr von Blumen, alle jedoch in den Farben gehalten, die wir in einem Sonnenuntergang finden. In Gedanken habe ich ihn schon Sonnenuntergangsgarten genannt, als ich noch gar nicht mit Pflanzen angefangen hatte. Ich will jetzt aber nicht darüber schreiben, denn die Sonnenuntergangsfarben kommen mir für den Juli zu heiß vor. Lieber schreibe ich über meinen Grün-Weiß-Silber-Garten, der an einem Sommerabend so kühl aussieht.

Ich würde dafür gern das alte Wort »Hag« benutzen, das ein kleines eingezäuntes Grundstück bezeichnet, zumeist neben einem Haus oder einem anderen Gebäude gelegen. Mein Garten ist nämlich ganz und gar eingezäunt, auf der einen Seite mit einer hohen Eibenhecke, auf der anderen mit rosa Ziegelmauern und einem kleinen Tudor-Haus. Kleine Wege, eingefaßt mit Lavendel und Buchsbaum, sorgen für die Einteilung. Aber da ich ohne Hilfe einer Photographie nur schwerlich einen Eindruck vom Aussehen des Gartens geben kann, will ich lieber die Pflanzen aufzählen, die die gewünschte kühle, fast graugrüne Wirkung erzielen.

Die Unterpflanzung bilden verschiedene Wermutgewächse, wie zum Beispiel die alte aromatische Eberraute; die silbrige Aschenpflanze *Cineraria maritima*; die graue Heiligenblume *Santolina* und die Kriechpflanze *Achillea ageratifolie*. Dutzende von weißen Königslilien (aus Samen gezogen) ragen dazwischen auf. Es gibt weißen pazifischen Rittersporn, weißen Lilienschweif, weißen Fingerhut an einer schattigen Stelle vor der Nordwand; es gibt schaumiges Schleierkraut, die weiße strauchartige *Hydrangea*; weiße Zistrosen, weiße Pfingstrosen, *Buddleia nivea*, weiße Glockenblumen und die weiße Variante der chinesischen Ballonglocke *Platycodon mariesii*. Es gibt eine Gruppe von riesigen arabischen Disteln, pures Silber, über drei Meter hoch. Zwei kleine Sanddorne und der graue, weidenblättrige *Pyrus salicifolia*, die Zierbirne, bieten der grauen Bleistatue einer vestalischen Jungfrau Schutz. Am Mittelweg entlang zieht sich eine Allee von weißen Kletterrosen, die an alten Mandelbäumen hochklettern. Später wird es auch weiße japanische Anemonen und einige weiße Dahlien geben, aber ich mag jetzt nicht an später denken. Es ist schlimm genug, den Juli mit dem Wissen beginnen zu müssen, daß die Frische von Mai und Juni für immer verflogen ist.

Eine Pflanze, die hier im Sommer immer einiges Interesse erweckt, ist *Humea elegans*. Die Besucher wandern schnuppernd umher und fragen: »Wieso riecht es hier denn so nach Weihrauch? Ich glaube fast, ich stehe in einer italienischen Kathedrale und nicht in einem englischen Garten.« Und das zu Recht, denn diese Pflanze wird bisweilen auch Weihrauchpflanze genannt.

Schließlich verfolgen die Besucher den Geruch dann bis zu einer zwischen zwei und drei Meter hohen Pflanze mit großen, spitzen, dunkelgrünen Blättern und Zweigen mit federartigen, zimtbraunen Blüten. Sie ist nicht protzig oder auffällig, und zwischen ihren farbenfroheren Kollegen wie dem Rittersporn zeichnet sie sich wirklich nur durch ihren Geruch aus. Aber sie ist von elegantem Wuchs und hat ihren Beinamen *elegans* reichlich verdient. Sie macht ihren Einfluß auf subtilere Weise geltend als durch einen heftigen Farbtupfer. Sie füllt die Luft so energisch und durchdringend wie an einem feuchten Abend die *Rosa eglanteria*. Ich setze sie in versteckte Ecken, an denen wir vorbeigehen oder wo wir uns für einen Moment auf eine Bank setzen, ehe wir weiterwandern.

Sie stammt aus Australien, ist nicht wirklich zäh genug für unser Klima und sollte als zweijährige halbzähe Pflanze im Frühsommer unter Glas gesät, vor Frost geschützt und Ende Mai oder Anfang Juni gepflanzt werden. Ich würde sie deshalb nur Gärtnern empfehlen, die ein frostgeschütztes Gewächshaus besitzen; die Glückspilze jedoch, die auch nur das kleinste beheizte Treibhaus ihr eigen nennen, sollten es mit einigen Samenkörnern in einem Topf versuchen. Sechs Samenkörner ergeben sechs Pflanzen, und sechs Pflanzen können einen ganzen Garten mit Duft erfüllen, vor allem, wenn sie unter den Fenstern gepflanzt werden. Sie überleben im Halbschatten, ihre Blüten nehmen in der Sonne jedoch eine kräftigere Färbung an: Im Schatten verblassen sie zum vagen Braun eines alten Blumentopfes. Sie lieben reichen Boden; am liebsten möchten sie mit flüssigem Dünger gefüttert werden, und wenn Sie die Zeit finden, ihnen diese Diät oder eine Handvoll von Clay's Fertiliser zu servieren, dann wachsen sie nur um so besser. Wenn Sie diese Zeit nicht finden – und wer hat schon die Zeit, diese vielen und ausgefallenen Wünsche zu erfüllen? –, dann reicht auch normaler Gartenboden, um Ihnen den Erfolg zu bringen, den Sie vernünftigerweise erwarten können.

Wichtig ist auch noch, daß der blühende Zweig im Haus mindestens ein Jahr überlebt, wenn Sie ihn im Herbst schneiden, ehe er vom Regen aufgeweicht worden ist. Ich habe einige Zweige so lange in einer Vase aufbewahrt, daß mir am Ende ihr bloßer Anblick schon zuwider war; sie staubten ein, ehe sie auch nur die geringsten Anstalten machten, zu verwelken und zu sterben; sie erinnerten mich an diese immergrünen Blumen, die *Helichrysum*, die wirklich gar zu immergrün sind.

Sie können Ihre Samen aufbewahren und zum Reifen bringen, wenn sie einen oder zwei Zweige abschneiden und sie auf Papier an eine sonnige Stelle legen.

Ich möchte aber noch ein mahnendes Wort anfügen. Manche Menschen sind offenbar gegen *Humea elegans* allergisch, was sich in einem alles andere als eleganten Ausschlag manifestiert. Ich möchte nicht daran schuld sein, daß irgend jemand unter meinen Lesern dieses Risiko eingeht.

Ein Besucher nahm neulich aus meinem Garten einen Topf mit einer *Humea elegans* mit, und als er nach der Autofahrt zu Hause ankam, kratzte nicht nur er sich am ganzen Leib, sondern auch sein Hund.

Ich glaube mich zu erinnern, daß wir im letzten Jahre behaupteten, die Rosen hätten niemals so üppig geblüht. In diesem Jahr sagen wir dasselbe. Wir sollten dankbar sein für diese Großzügigkeit.

In diesem Jahr gibt es aber noch einen anderen Grund für diese Dankbarkeit. Irgend etwas hat die Rosen zurückgehalten. Sie konnten die Iris, die normalerweise zur selben Zeit blühen, einfach nicht einholen, und das bedeutete, daß die Iriszeit noch nicht ganz zu Ende war, als wir dazu noch mit Rosen überschüttet wurden. Selbst nach dem Johannistag waren noch überall ungeöffnete Knospen zu sehen.

Ich denke jetzt nicht an die Teehybriden, sie sind so wohlerzogen, gepflegt, anpassungsfähig und ordentlich wie irgendeine Dame der Gesellschaft. Ich kann ihre Schönheit und ihre Nützlichkeit erkennen, aber mein Herz berühren dann doch die Zigeunerrosen. Heute werden sie oft mit dem zaghafteren Namen Strauchrosen belegt, was natürlich ein passender und angemessener Name für eine Rose ist, die an einem blühenden Strauch wächst, doch für mich sind sie die Zigeuner unter den Rosen. Sie wehren sich gegen jede Art Zwang, sie möchten sich ganz nach Belieben in aller Lebhaftigkeit ausdrücken, frei wie die Hundsrose in den Hecken, und ich weiß ja auch, daß es nicht in jedem kleinen Garten Platz für sie gibt. Dennoch liebe ich sie und würde sehr viel Platz für sie opfern.

Ich wüßte gern, wie viele Gärtner eine besonders bezaubernde rosa Einzelrose pflanzen, die sich an einer niedrigen Mauer ausgesprochen gut macht. Sie heißt *Rosa Sancta* oder vielleicht auch Heilige Rose von Abessinien. Der Name allein rechtfertigt schon ihre Aufnahme in den Garten, und auch ihre Geschichte spricht dafür, denn sie gilt als eine der ältesten bekannten Rosen und mag durchaus auf einem minoischen Fresko in Knossos auf Kreta zu sehen gewesen sein. Verwoben in den Girlanden ägyptischer Gräber wurde sie gefunden – und was könnte irgendeine Rose von ihren Ahnen sonst noch verlangen? Sie ist nicht leicht aufzutreiben, und mir ist aufgefallen, daß Mr. Bertram Park sie in seinem unerläßlichen *Guide to Roses* nicht erwähnt.

Ich weiß, daß ich auch früher schon über Ixien geschrieben habe. Ich wiederhole mich nur ungern und versuche, es zu vermeiden, aber es ist lange her, und deshalb lohnt es sich vielleicht doch, dieses Thema noch einmal aufzugreifen. Schließlich werden derzeit jeden Morgen am Frühstückstisch die Herbstkataloge mit Marmelade und Honig beschmiert.

Ixien oder Blaulilien stammen aus Südafrika und verlangen folglich gut entwässerten, sandigen Boden in der wärmsten Ecke, die wir finden können, unter einer Südwand, an einer Stelle, an der Sie eine *Iris stylosa* verhungern und verbrennen lassen würden, damit sie nach besten Kräften blüht. Ein erhobenes Beet wäre für Ixien ideal, dort überleben sie vermutlich viele Jahre, aber wer hat schon die Zeit oder nimmt die Mühe auf sich, ein erhobenes Beet anzulegen? Ich habe Ixien bisher einigermaßen zuverlässig gefunden, auch in normalen flachen Beeten. Es stimmt zwar, daß sie im Laufe der Jahre abnehmen, statt sich zu vermehren, aber sie sind so billig, daß wir jedes Jahr unseren Vorrat um ein Dutzend oder so erweitern können.

Sie sind außerdem elegant, mit ihren drahtigen Stengeln erinnern sie ein bißchen an Freesien. Hübsch ist ihr ausgefallenes Repertoire an Farben, Rosa, Strohgelb, Gelb, Weiß, Kupferrot, und als Schnittblumen sind sie so gut geeignet, daß es eigentlich in jedem Garten mindestens ein Dutzend geben sollte.

Die schönste von allen ist vielleicht *Ixia viridiflora*, blaugrün mit schwarzem Auge, ein Schatz für Kenner, nur leider sehr schwer aufzutreiben. Als ich kürzlich in Kapstadt war, glaubte ich, Dutzende von Zwiebeln einkaufen zu können, doch dann mußte ich mich mit einem einzigen Dutzend begnügen. Offenbar wird ihr Herkunftsbereich energisch überwacht.

Mit den Ixien verwandt, da beide zur Iris-Familie gehören, ist die Gattung *Sparaxis*. Die bekannteste von ihnen ist der Trichterschwertel, auch *Dierama pulcherrimum* genannt, ein elegantes, aber ziemlich unordentliches Gewächs, das ich einfach nicht lieben kann, obwohl ich es lieben sollte, ich weiß.

Vielleicht macht es sich am Ufer irgendeines Gewässers gut, wo es ja eigentlich auch hingehört, und ich gebe gern zu, daß seine vom Wind über dem Wasser ständig in Bewegung gehaltenen Stengel von einem gewissen launischen Charme sind. Aber trotz allem ziehe ich *Sparaxis*, den Fransenschwertel, vor, den wir wie eine Ixie pflanzen, das heißt, in einem warmen, nach Süden gelegenen Beet vor einer Mauer oder zum frühen Blühen in einem mit Glas bedeckten Beet, vielleicht auch im Steingarten, wo er normalerweise viele Jahre überlebt, weil der Boden dort so entwässert wird, wie diese südafrikanischen Pflanzen es eben mögen.

Ich habe seit Jahren eine Schale mit *Sparaxis* übel vernachlässigt, aber trotzdem blühten sie in jedem Frühling tapfer aufs neue. Unter ihnen ist eine ganz besonders ansehnliche, ich halte sie für eine *S. tricolor*, sie ist von einem sehr leuchtenden Rot mit gelber Mitte und schwarzen Flecken.

Wer ein frostsicheres Gewächshaus hat, in dem empfindliche Pflanzen überwintern können, sollte sich die blaue Margerite *Felicia amelloides* oder, wie sie früher genannt wurde, *Agathea coelestis* anschaffen. Es handelt sich um ein kleines südafrikanisches Strauchgewächs von vielleicht fünfzig Zentimetern Höhe, das sich leicht aus Samen oder Ablegern als Topfpflanze ziehen läßt. Ende Mai kann es dann im Garten angepflanzt werden, wo es blüht, bis die Zeit gekommen ist, es auszugraben, wieder in einen Topf zu pflanzen und es über den Winter in Sicherheit zu bringen. Sein dauernder Nachschub an hellblauen Sternblüten ist wie geschaffen für offene Rabatten, auch wenn es sich nicht mit dem tiefen Saphirblau des Enzian messen kann. Das Blau des Vergißmeinnicht ist ihm schon ähnlicher.

Botanisch gesehen ist es mit den Astern verwandt. *Aster amellus* ist in der Gartensprache ein vertrauter Begriff, doch vermutlich ist sich nur ein sehr kleiner Prozentsatz von Gärtnern, die auf so lässige Weise über *Aster amellus* sprechen, der Tatsache bewußt, daß wir diese Blume bis zum Poeten Vergil zurückführen können, der im ersten Jahrhundert n. Chr. eine blaublütige Pflanze, die am Ufer des italienischen Flusses Mella wuchs, mit diesem Namen belegte. Auf diese Weise verbinden sich klassische Antike und heutige Gartenpflege. Ich finde das eigentlich ziemlich romantisch.

Es gibt noch eine weitere Form dieser schönen blauen Margerite, die sich aus den Samen einer halbwegs strapazierfähigen Einjährigen ziehen läßt: *Felicia Bergeriana*, die Eisvogel-Margerite, ein passender Name, denn sie erinnert wirklich an eine Schar Eisvögel, die im Flug innehalten und in der Luft ausharren, um uns einen schönen Anblick zu bieten.

Niemand könnte einen fliegenden Eisvogel aufhalten, diesen blauen Blitz; aber die Eisvogel-Margerite ist die zweitbeste Lösung.

Blau ist während der Sommermonate im Garten wirklich wertvoll. Wir haben den großen überragenden Rittersporn, und ich möchte auch für die Lobelie ein gutes Wort einlegen. Die Lobelie wird vielfach mißhandelt und mißbraucht, vor allem in öffentlichen Parks, wo sie zumeist als eine Art Band zusammen mit Begonien, Gloxinien und rotem Salbei angepflanzt wird. Aber so, finde ich, dürfen Lobelien nicht behandelt werden. Säen Sie sie in großen Gruppen, in großen, großzügigen Gruppen, und lassen Sie sich vom Ergebnis überraschen. Säen Sie vor allem die Variante *Cambridge Blue*.

Wenn Sie in Ihrem Garten schon Seidelbast haben, dann sollten Sie jetzt die reifenden Samen im Auge behalten, es sei denn, Sie wollen die Vögel damit beglücken. Es lohnt sich wirklich, Seidelbast aus eigenen Samen zu ziehen. Seidelbast lebt nicht lange, er hat die bedauerliche Angewohnheit, schon nach wenigen Jahren ohne ersichtlichen Grund plötzlich abzusterben. Deshalb empfiehlt es sich, immer auch einige junge Pflanzen zu haben. Diese jungen Stellvertreter sollten in Töpfen gezogen werden, wobei ein Samenkorn pro Topf reicht. Seidelbast wird nur ungern gestört, aber wenn Sie ihn komplett mit den Wurzeln aus dem Topf kippen, merkt er kaum, was mit ihm geschieht, und wächst munter weiter. Er kann auch einfach an der Stelle, wo Sie ihn haben wollen, in den Boden gesät werden. Wir können aus Samen solche Mengen ziehen, daß wir uns die Extravaganz leisten können, sie an den unwahrscheinlichsten Plätzen unterzubringen, um zu sehen, ob sie dort gedeihen. Das wäre nicht möglich, wenn wir Seidelbast für teures Geld bei einem Züchter kaufen müßten.

Die bekannteste Seidelbastart ist vermutlich *Daphne mezereum*. Sie fühlt sich offenbar, aus demselben umgekehrten Snobismus, wie wir ihn von Madonnenlilien kennen, in Cottage-Gärten wohl. Es gibt ziemliche Meinungsverschiedenheiten darüber, ob sie torfhaltigen Boden oder eher schärferen, steinigeren vorzieht; selbst in Kies ist diese Seidelbastart schon gesichtet worden. Von Natur aus sollte sie Waldgebiete vorziehen, aber einige Fachleute raten dazu, sie in die pralle Sonne zu setzen, ich habe also meine Gründe, wenn ich zum Experimentieren rate. Wenn Sie sie in die pralle Sonne stellen, dann sollten sie ihren Wurzeln zum Kühlen einige flache Steine gönnen. *D. mezereum* blüht im zeitigen Frühling auf blattlosen Zweigen, duftet sehr süß und ist von blauvioletter Farbe. Es gibt auch eine sehr schöne und womöglich noch zuverlässigere weiße Variante. Die Früchte verraten Ihnen, welche Art Sie haben, denn die Gattung an sich hat rote, die weiße Variante jedoch gelbe Früchte.

Daphne retusa, ein wesentlich kompakterer kleiner Strauch mit abgerundeter Spitze, wird selten höher als neunzig Zentimeter und wird bisweilen mit *Daphne tangutica* verwechselt, ist jedoch eben wegen seiner Kompaktheit vorzuziehen. Mir gefällt sie sehr gut. Sie ist viel zäher als die intensiv duftende *Daphne odora*, die wirklich Schutz oder ein Gewächshaus braucht, obwohl ein Exemplar in meinem Garten im letzten Winter 20 Grad minus heil überstanden hat. Eine kleine

Hecke aus *Daphne retusa* neben einem Fußweg bietet einen schönen Anblick, vor allem, wenn Pfad und Hecke abgestuft sind und im Steingarten wie ein auf Felsblöcken lauernder Steinbock enden. Ich halte diese Sorte für den pflegeleichtesten Seidelbast, viel einfacher im Umgang als die kapriziöse *cneorum*, die den Neid so vieler Steingärtner erregt, bei denen sie nicht gedeihen will. Solche erfolglosen Gärtner sollten es mit ihrem als *Daphne Somerset* bekannten Kind versuchen.

Es gibt nur wenige dekorativere Kletterpflanzen für den Mittsommer als die große hybride Clematis, doch ihre bedauerliche Neigung, auf dem Höhepunkt ihrer Schönheit ganz plötzlich der so treffend als »Welke« bezeichneten Pilzkrankheit zu erliegen, nimmt vielen Menschen den Mut. Diese Krankheit tritt vor allem dann auf, wenn die Clematis aufgepfropft und nicht, wie es richtig wäre, aus der eigenen Wurzel gezogen worden ist. Es gibt jedoch eine Strauch- oder krautartige Clematisart, die weniger empfänglich für die Welke zu sein scheint und die sich als Zier für jede Art von Kante deshalb anbietet.

Wir sehen diese Art nicht so häufig wie die Kletterpflanzen, sie ist auch nicht so ansehnlich, aber sie hat doch ihren Charme und ihren Nutzen. *Clematis recta* blüht als erste, zumeist im Juni, und bildet einen dichten, um die anderthalb Meter hohen Busch. An sehr geraden Stengeln wachsen Dolden aus weißen, leicht duftenden, sternförmigen Blüten. Diese Clematissorte läßt sich recht leicht aus Samen ziehen. *C. heracleifolia*, mit ihren Blättern wie Wiesenkerbel, hat blaue Blüten, wie auch ihre Hybride *C. jouiniana* mit ihren Varianten *campanile* und *Côte d'Azur*. Im Juli und August, ihrer Blütezeit, können sie über einen Meter hoch werden. Sie lassen sich aus Samen, aus Ablegern oder durch Wurzelteilung ziehen.

C. integrifolia ist hierzulande schon seit 1596 bekannt. Sie wird nur selten höher als sechzig Zentimeter, deshalb ist sie für den Steingarten ebenso geeignet wie für die Kante eines Beetes. Am besten macht sie sich zwischen Steinen, wo sie keine Stützen braucht, sondern sich ihren Weg selber suchen kann. Aus diesem Grunde kommt sie auch an einer trockenen Wand gut zur Geltung, falls Sie das Glück haben, eine solche zu besitzen. Ich ziehe die blaue Variante der weißen vor, aber wir müssen auch mit neuen Varianten rechnen. Wir können sie aus Samen ziehen, und an dieser Stelle möchte ich darauf hinweisen, wie zuvorkommend es von der Clematis ist, diese Methode ebenso zu ermöglichen wie das Ziehen aus Ablegern oder Setzlingen. Wir können Samen aus den silbernen Köpfen aller frühen Blüherinnen wie *C. macropetala* nehmen und aussäen, sowie sie reif sind. Die großen Sommervarianten reifen natürlich erst viel später, bei ihnen sollten wir mit dem Säen bis zum nächsten Frühling warten. Ableger sollten im August genommen werden, und es scheint ihnen egal zu sein, ob sie direkt unter einem Knoten oder zwischen zwei Knoten abgetrennt werden, beides ist erfolgreich, wenn Sie die Ableger fest in einen Topf mit sandigem Kompost drücken und gießen.

Professionelle Gärtner ziehen vielleicht Setzlinge vor, und alle, die den Umgang mit Nelkenablegern gewöhnt sind, werden bei dieser Methode auch keine Probleme haben. Egal, wofür Sie sich auch entscheiden, später wird Ihre Clematis aus eigenen Wurzeln wachsen und damit der gefürchteten Welke besser widerstehen können.

Ich muß mich demnächst um etwas kümmern, das einst versucht hat, eine krautartige Einfassung zu bilden, jetzt aber nur noch ein Wirrwarr und ein Kompromiß ist. Vielleicht sind krautartige Einfassungen ohnehin ein Ding der Vergangenheit. Sie müssen tadellos gepflegt und sorgfältig geplant werden, wenn sie ihr Bestes geben sollen; ein Chaos von ohne Rücksicht auf Farbe oder Wesen zusammengefügten Pflanzen, die nach dem Regen die Köpfe hängenlassen, die ein plötzlicher Sturm knickt, zerzaust, die nach allen Seiten auseinanderhängen, hinten Rittersporn, in der Mitte Lupinen und Phlox, vorn Katzenminze und Nelken, macht keine Freude ... und wir kennen diese Überreste aus edwardianischen Zeiten nur zu gut.

Die Frage des Stützens ist immer schwierig. Schon in frühen Wachstumsstadien in die Erde gesteckter Erbsenreisig ist besser als eine Bambuspalisade, die wir in alle Eile anlegen, wenn die Pflanzen die Köpfe hängen lassen. Erbsenreisig wird überwuchert und versteckt, bei Bambus ist das nie der Fall. Vor kurzem hörte ich von einer raffinierten Methode zum Stützen von winterharten Pflanzen, die an der Kante wachsen. Verbringen Sie Ihre müßigen Winterabende im Haus damit, daß Sie aus dickem Draht große Kreise formen, durch die Sie dann dünneren Draht ziehen, viermal vielleicht, mit einer Art Nabe in der Mitte. Dann besorgen Sie sich für die Mitte eine Stange, aus Metall, wenn möglich, alte Gitterstäbe vielleicht, die haltbarer sind als Holz. Im Frühling bringen Sie Ihre Drahtkreise dann wenige Zentimeter über dem Boden an und schieben sie an der Mittelstange immer höher, je weiter die Pflanze durch die Drahttrennungen hindurchwächst. Ich habe mir überlegt, daß diese Methode sich noch verbessern läßt, wenn wir an der Stange zwei oder mehr Drahtkreise anbringen, je nachdem, wie hoch die Pflanze vermutlich werden wird; das erspart uns das ständige Nachsehen, ob der Kreis wieder gehoben werden muß, und bietet schwachen Stengeln doppelten Halt.

Viel Arbeit während des Winters, geschickte Finger, eine Drahtschere, eine Zange und einige Rollen dicken und dünnen Drahtes sind vonnöten; am Ende aber haben Sie dann eine Stütze, die Jahre hält und nicht erneuert zu werden braucht. Auch wenn Sie keine krautartige Kante haben, die diesen Namen verdient, dann bietet sich diese Methode auch für jede besonders geliebte Pflanze an, die zu schwach und zu hoch ist, um im Hochsommer ihr eigenes Gewicht zu tragen. Aber ich weiß trotz allem jetzt schon, daß meine Kante bald eine Kante aus blühenden Strauchgewächsen und strauchartigen Rosen werden wird, mit einem unbeachteten einsamen Rittersporn im Hintergrund, der mich daran erinnert, wie einst meine ungeliebte krautartige Kante ausgesehen hat.

Im Moment blüht der hübsche Kalifornische Mohn. Wir können ihn nicht gerade als krautartige Pflanze bezeichnen; nennen Sie ihn »Unterstrauch«, wenn Sie so wollen, doch wie immer wir ihn auch nennen mögen, seiner Schönheit tut das keinen Abbruch.

Er hat graugrüne Blätter und weite, lockere, weißgoldene Blüten auf schlanken Stengeln, die bis zu einsachtzig hoch werden können. Die Blütenblätter sehen aus wie zerknüllte Papiertaschentücher, in der Mitte vibriert ein goldener Schwarm von Staubbeuteln. Diese Blüten sind sehr schön und zart.

Von seiner Konstitution her ist der Kalifornische Mohn jedoch nicht sehr zart, höchstens Gegenden mit sehr rauhem Klima sind ihm abkömmlich. Wenn Sie ihn erst einmal gepflanzt haben, wird er sich überall ausbreiten, er ist ein Wurzelläufer und taucht sogar an so unerwünschten Stellen auf wie mitten im Weg. Ich kenne einen, der sich unter einer Ziegelmauer hindurchgekämpft und sich auf der anderen Seite tapfer wieder erhoben hat. Das Problem ist bei ihm der Anfang, er mag nicht gestört und verpflanzt werden, am besten zieht man ihn in Töpfen aus Wurzelablegern. Das bedeutet, daß Sie bei einem hilfsbereiten Züchter einen Wurzelableger schnorren müssen. Sie können ihn dann aus dem Topf an der Stelle, wo er wachsen soll, in ein Loch kippen und hoffen, daß er von allem nichts gemerkt hat. Arme unschuldige Pflanzen lassen sich doch sehr leicht täuschen.

Der botanische Name des Kalifornischen Mohns ist *Romneya*. Es gibt zwei benannte Varianten, nämlich *Romneya Coulteri* und *Romneya trichocalyx*. Sie sind sich sehr ähnlich, aber vielleicht ist *Coulteri* doch vorzuziehen.

Kalifornischer Mohn mag einen sonnigen Standplatz und keinen allzu reichen Boden. Im Winter liegt er zumeist am Boden, aber das ist nicht weiter schlimm, er wird sich wieder erheben, und das alte Holz blüht ohnehin nicht wieder, deshalb sind die Triebe der vergangenen Saison kein Verlust. Wenn der Winter das nicht schon erledigt hat, dann ziehen Sie es vielleicht sogar vor, sie im Frühling abzuschneiden.

Eine gute Gesellschaft für Kalifornischen Mohn ist der bis zu vier Meter hohe Strauch *Hoheria lanceolata*. Meiner Ansicht nach ist er wie dafür geschaffen, hinter Kalifornischem Mohn gepflanzt zu werden, er überragt ihn und ergänzt ihn mit blaßgrünen Blättern im selben Farbton und kleineren weißen Blüten. Das Ganze hat einen freimütigen weißen, grünen und goldenen bräutlichen Effekt, der in den April vielleicht besser paßt als in den Juli. Seine Zähigkeit ist angezweifelt worden, aber ich habe einen (hier in Kent), der in einer ganz besonders zugigen Ecke überlebt, wo ich ihn in optimistischer Ignoranz vor Jahren gepflanzt habe. Ich kann jedoch nicht leugnen, daß er im Schutz einer Mauer oder einer Hecke glücklicher wäre.

Gerüchte und mehr als nur Gerüchte über eine seltsame Klettererdbeere sind hierzulande eingetroffen. Wie die deutschen Züchter richtig bemerken, ist der Name Erdbeere dem neuen Produkt eigentlich nicht mehr angemessen, denn es kann bis zu 1,80 Meter groß werden und an einem Spalier wachsen. Es wird bereits als Spaliererdbeere bezeichnet. Ich habe in einer deutschen Zeitschrift ein Foto gesehen und finde diese neue Kletterpflanze mit ihren hellroten Beerendolden sehr hübsch. Die Beeren sind angeblich sehr aromatisch, normalgroß und ähneln in ihrer länglichen Form und strahlenden Farbe *St. Claude*. *St. Claude* ist vielleicht noch nicht sehr bekannt, aber dieser ausdauernden und reichlich tragenden Kletterpflanze wird eine große Zukunft vorhergesagt.

Leider sind die Gerüchte über die kletternde Erdbeere nicht von einigen Exemplaren der besagten Pflanze begleitet worden. Die Gerüchte sind von Elmshorn in Schleswig-Holstein nach Frankreich gewandert, wo die Klettererdbeere jetzt als *Truffaut-Prodige* bekannt ist und von ihrem Züchter eifersüchtig gehütet wird. Sollten Sie in Frankreich leben und sie in Ihrem französischen Garten pflanzen und von diesem Züchter ein Exemplar kaufen wollen, müssen Sie ihm schwören, es nicht aus Frankreich zu exportieren. Meine Ehre verbietet es mir, irgendwelchen potentiellen Schmugglern, die den Ärmelkanal überqueren, die Adresse dieses Züchters zu nennen. Es gibt eben selbst heute noch gewisse Prinzipien.

Ich hoffe jedoch, daß auch auf den Märkten unserer Insel diese bemerkenswerte Neuzüchtung bald zu haben sein wird, und ich fand es ratsam, meine Leser jetzt schon damit bekannt zu machen, damit sie ihren Namen auf die langen Bestellisten setzen können, die zweifellos bald einlaufen werden.

Wir sollten uns nun ein Bild von den Schäden machen, die der Winter angerichtet hat, und feststellen, was unwiderruflich verloren und wo neues Leben zu finden ist. Zweifellos haben die meisten Gärtner Überraschungen erlebt, angenehme wie unangenehme. Insgesamt jedoch hat die Überlebensfähigkeit gewisser Pflanzen die immer mehr um sich greifende Ansicht bestätigt, daß zahlreiche Geschöpfe wesentlich weniger empfindlich sind als bisher angenommen.

Ein alter Katalog aus dem Jahre 1838 zum Beispiel nennt

unseren verbreiteten gelben Winterjasmin, *nudiflorum*, als Treibhauspflanze. Wir lächeln heute darüber, wenn wir sehen, wie munter er sich überall im Freien ausbreitet.

Das Problem der Zähigkeit bringt mich zu der Frage, ob wir risikobereit sein sollten. Ich bin sehr dafür, muß aber zugeben, daß es doch ärgerlich ist, vor allem bei einem kleinen Garten, wenn wir plötzlich vor einer kahlen Stelle stehen, wo uns vor zwölf Monaten eine üppige Strauch- oder Kletterpflanze mit Sommerblättern und -blüten erfreut hat. Sollten wir unser Glück mit einer *Eucryphia* versuchen, dieser weißgoldenen Pracht von Ende Juli und August? Wenn ja, dann haben *E. glutinosa* und *E. nymansensis* die besten Aussichten. Sollten wir uns an *Tricuspidaria lanceolata* wagen, auch bekannt als *Crinodendron hookerianum* und, sprechender, als Laternenbaum, mit gedämpft roten Hängeblüten zwischen den sehr dunkelgrünen spitzen Blättern? Ich will mich nicht geschlagen geben, jedenfalls nicht von irgendeinem schnöden Gewächs.

Ein anderer halbkletternder Strauch, den ich einmal hatte und auch wieder anschaffen will, ist *Fremontodendron California*. Eigentlich würde er am liebsten als kleiner Baum wachsen, er wird sich jedoch mit dem Schutz einer Mauer abfinden müssen, vor der ich hoffe, im Juni und Juli seine vielen hellgelben Blüten zu sehen, worauf wir dann seinen Samen in Töpfen säen können, um ihn nach seinem Tod zu ersetzen. Ich sage »in Töpfen säen«, weil er zu den Pflanzen gehört, die nicht versetzt werden mögen. Eine kleine Pflanze, die aus ihrem Topf an ihren endgültigen Standplatz gekippt wird, erleidet nicht das, was Gärtner »Wurzelstörungen« nennen.

In diesem Monat war ich wirklich beeindruckt von der Schönheit des Pfeifenstrauchs. Früher haben wir ihn Syringe oder Falscher Jasmin genannt, am besten aber paßt sein botanischer Name, *Philadelphus*, was auf griechisch brüderliche oder schwesterliche Liebe bedeutet, eine reine Liebe ohne jegliche sexuelle Leidenschaft.

Und doch hat er etwas Bräutliches. Er wächst zu großen Sträuchern von reinstem Weiß heran. Geschwisterliche Liebe mag ja gut und schön sein, aber unser Philadelphus ist zweifellos ein Hochzeitsstrauch, eine Brautgedicht für junge Liebende.

Kürzlich habe ich ihn in zwei berühmten Gärten in Gloucestershire schäumen sehen. Auch in allen Cottage-Gärten der unvergleichlichen Cotswolds habe ich ihn bewundert. Es ist einfach überall. Ich selber habe mir dann Vorwürfe gemacht, weil ich ihn damals, als ich meinen Garten anlegte, nicht massenhaft angebaut habe. Denn dann hätte ich heute große Büsche. Aber besser spät als nie.

Ich habe mir den lieben alten *Philadelphus coronarius* angeschafft, diesen süßduftenden Busch, der uns in unsere Kindheit zurückversetzt. Vor dreihundert Jahren schrieb der Kräuterkundler Gerard, er habe von dieser alten Pflanze einige Blüten geschnitten und sie in seine Kammer gelegt. Ihr Duft war ihm jedoch so fremd, daß er erst einschlafen konnte, als er sie wieder entfernt hatte. Das kann nur bedeuten, daß der Geruch ihm zu stark war. Bisher war mir nicht klar, daß auch einige der später blühenden Sorten mit ihren Düften so großzügig umgehen. Jetzt weiß ich das. Der kleine *microphyllus* ist vielleicht nicht besonders ansehnlich, aber seine kleinen weißen Blüten duften betörend. *Lemoinei* hat ebenfalls einen süßen Duft. *Belle Etoile* nicht, jedenfalls kann ich keinen entdecken. Vielleicht liegt das an meiner Nase, doch auf jeden Fall ist es ein so schöner Strauch, daß wir ihn alle pflanzen sollten.

Die Philadelphus-Familie ist so kompliziert, daß man ihre einzelnen Mitglieder nur schwer unterscheiden kann. Sie bilden untereinander mit solcher Begeisterung Hybriden, daß kaum noch jemand weiß, was Hybriden sind und was nicht. Aber sollten wir uns darüber überhaupt den Kopf zerbrechen? Sollten wir nicht lieber in diesem Herbst so viele pflanzen, wie wir überhaupt beschaffen können, und uns darauf freuen, daß sie in wenigen Jahren zu wunderschönen weißen Büschen herangewachsen sein werden?

Der Ausdruck »Laubpflanze« klingt für uns irgendwie viktorianisch, wie das Echo eines Gongs in einem Gasthaus mit Linoleumboden und abwaschbarer Papiertapete, doch trotz dieser düsteren Assoziation sind manche Laubpflanzen im Garten von hohem Dekorationswert. Sie schließen Lücken in den Rabatten und haben es wirklich verdient, als gutaussehend bezeichnet zu werden.

Ich denke hier vor allem an *Acanthus*. Das ist eine Pflanze mit klassischer Würde, denn sie hat den griechischen Architekten beim Entwurf von korinthischen Säulenkapitellen als Vorbild gedient. Sie haben vermutlich dabei *Acanthus Spinosus* oder *spinosissimus* vor Augen gehabt, mit seinen dunkelgrünen Blättern und den fast dornenhaften, blaßlila Deckblättern, die über sechs Zentimeter lang werden können und im Juli wirklich einen wunderbaren Anblick bieten. Aus irgendeinem seltsamen Grund wird diese Pflanze auch Bärenklau oder, in England, Bärenhosen genannt. Mir würde jeder Bär leid tun, der eine solche Hose tragen müßte.

Die Art, die *Acanthus mollis* oder *mollis latifolius* genannt wird, hat weiche, abgerundete Blätter von hellerem Grün. Sie ist weniger heimtückisch als die dornige Variante, aber insgesamt gesehen gefällt die dornige mir besser.

Als ursprünglich im Mittelmeerbereich beheimatete Wesen haben sie es am liebsten sonnig, doch sie geben sich auch mit einer gewissen Menge an Schatten zufrieden. Wir sind immer dankbar für Pflanzen, die in schwierigen Ecken wachsen mögen, in die die Sonne jeden Tag nur für wenige Stunden hineinlugt. Eine weitere angenehme Eigenschaft des Acanthus ist, daß er sich auch in Bottichen oder großen Töpfen wohl fühlt, die wir hinstellen können, wo wir sie gerade brauchen, auf Wegen, auf Treppen, auf eine Terrasse oder an irgendeine andere Stelle, wo sie im Design unseres Gartens vonnöten zu sein scheint.

Wenn meine Lobrede auf den Acanthus bei Ihnen jedoch auf taube Ohren trifft, dann darf ich Ihnen vielleicht nochmals die Funkie oder Hosta empfehlen? Das ist eine andere Laubpflanze mit großen graugrünen Blättern und kurzen Zweigen mit grünweißen Blüten im Juli. Sie hat es gern feucht, wächst aber eigentlich überall. Ich habe Jahre des Gärtnerns gebraucht, um die bleiche Schönheit ihrer Blüten und Blätter schätzenzulernen, aber jetzt, wo ich sie in der richtigen Weise betrachte, verstehe ich endlich, was andere Gärtner gemeint haben, wenn sie die Verdienste der Funkien priesen.

Wir haben sehr viel, ja, endlos viel zu lernen, wenn wir es mit der Gärtnerei versuchen wollen.

Die Blüten der *Magnolia grandiflora* sehen aus wie große weiße Tauben, die es sich zwischen dunklen Blättern bequem gemacht haben. Diese Pflanze bietet sich geradezu an, wenn es darum geht, ein häßliches Stück Mauer zu verdecken; sie ist immergrün und wächst ziemlich schnell. Es ist nicht immer leicht zu entscheiden, was wir vor eine neue rote Ziegelmauer setzen wollen, rosa und rote Pflanzen beißen sich bisweilen, und sie vertiefen die ohnehin schon zu heiße Farbe noch. Das kühle Grün der glänzenden Magnolienblätter und ihre reine Blüte machen sie für einen solchen Hintergrund jedoch wie geschaffen. Außerdem ist die Blüte an sich von exquisiter Schönheit. Ich habe eben erst einer ins Herz geschaut. Die Blütenblätter sind von reicher Cremefarbe; wir sollten sie nicht weiß nennen, sie sind elfenbeinfarben, wenn Sie sich vorstellen können, daß Elfenbein und Creme zu einer dicken Paste verrührt werden, mit aller Weichheit und Glätte von jugendlicher Haut; ihr Duft, der an Zitrone erinnert, war überwältigend.

Es gibt die Theorie, daß sich Magnolien unter dem Schutz einer Nord- oder Westwand am wohlsten fühlen, und diese Theorie trifft für die im Frühling blühenden Sorten zu, die sehr leicht von morgendlichem Sonnenschein nach einer Frostnacht beschädigt werden: Sie gehen nach dem Frühstück aus dem Haus und finden nur noch ein klägliches Gewirr wie braunes Wildleder vor. Die *grandiflora* dagegen, die im Juli und August blüht, verlangt keine besondere Rücksichtnahme. Sie scheint in der Sonne besser zu gedeihen, wenn ich von den beiden Exemplaren in meinem Garten ausgehen darf. Ich habe, wie so oft, ein Experiment gemacht. Eine steht vor einer schattigen Westwand und hat nie mehr als ein halbes Dutzend Knospen. Die andere, die vor einer sonnengebeizten Südostwand steht, hat normalerweise zwanzig bis dreißig. Das liegt einwandfrei an der Tatsache, daß die Sommersonne das Holz, das später die Blüten tragen soll, erst zum Reifen bringen muß. Was sie nicht mögen, ist Trockenheit in ihrer Jugend, das heißt, ehe ihre Wurzeln sich auf die Suche nach Feuchtigkeit gemacht haben, doch da sie sehr rasch ihre Unzufriedenheit damit zum Ausdruck bringen, daß sie ihre gelben Blätter hängen lassen, können Sie mit einer oder mehreren Kannen aus der Regentonne eingreifen.

Goliath ist die beste Variante. Sie sollten schon frühzeitig Drähte vor die Wand spannen und sie mit Holznägeln befestigen. Das wird Ihnen auf die Dauer sehr viel Mühe ersparen, denn die Magnolie wird schließlich eine Fläche von um die fünfzig Quadratmeter bedecken und bis zu Ihren Dachbalken hochklettern. Die Zeit kann kommen, wenn Sie sich aus ihrem Schlafzimmerfenster lehnen, um im sommerlichen Mondlicht ein große, geisterhaft weiße Blüte zu pflücken, denn dann werden Sie es bedauern, wenn sie sich von der Wand gelöst hat und auf einem losen Zweig herumflattert, wie eine halbgefangene Taube, die immer neue Fluchtversuche unternimmt.

Die meisten *Verbascum*-Sorten (Königskerzen) lassen sich im Sommergarten verwenden. Die Cotswolds-Hybriden sind jetzt sehr bekannt, *Cotswold Beauty*, *Cotswold Queen*, *Cotswold Gem* und andere Mitglieder dieser Familie, sie haben alle unterschiedliche Namen, aber sie sehen aus wie kleine gelbbraune oder errötende Motten, die den Stengel hochgewandert sind, um im Juni ganz oben zu verharren. Diese Hybriden sind winterhart und säen sich dazu recht großzügig aus; wenn Sie sie erst im Garten haben, brauchen Sie nie wieder auf sie zu verzichten. Ihr einziger Nachteil ist meines Wissens, daß sie manchmal ihre eigene Lieblingsraupensorte anziehen, die die Blätter zu einer Art Klöppelspitze zerfrißt; doch das bringt eine Dosis vom richtigen Schädlingsvertilger schnell wieder in Ordnung.

Das *Verbascum*, das mich in diesem Sommer beglückt hat, gehört jedoch nicht zur Cotswolds-Familie, sondern war mir in meiner Ignoranz ganz neu. Es heißt *Verbascum Brusa*. Seine großen graugrünen, dicht mit Mehl bestäubten Blätter wachsen an über zwei Meter langen Zweigen, die noch grauer und wolliger sind als die Blätter. Ich fand es faszinierend, wie schnell dieser Zweig wuchs und daß die fünfeckigen Knospen sich eine nach der anderen zu gelben Blüten öffneten. Das ging Schritt für Schritt, zuerst gab es eine wollige graue Knospe, dann lugte eine stumpfe gelbe Nase aus der Mitte heraus, einen Tag darauf zeigte sich eine flache gelbe Blüte. Sie blühten fast zwei Monate lang, den ganzen Juni und Juli hindurch.

Ich hatte mein *Verbascum Brusa* vor den dunklen Hintergrund einer Eibenhecke pflanzen wollen. Es machte sich dort wirklich gut und inspirierte alle Betrachter zu dem Versuch, sein Aussehen zu beschreiben. Ich selber hatte es mit riesigen Feuerrädern verglichen, die am Boden befestigt sind. Dann aber behauptete jemand, es sähe aus wie ein geheimnisvolles Unterseegewächs; jemand anderes wollte es am liebsten in einer Urlandschaft wachsen sehen, durch die gerade ein Pterodaktylos streift. Auf jeden Fall beherrschte es die Kunst, elegante Kurven zu bilden, die nach oben streben; von senkrechter Monotonie konnte also keine Rede sein. Gestützt werden mußten sie auch nicht. Der Züchter, der *V. Brusa* aus Brusa in Anatolien nach England geholt hat, hat mir versichert, daß es eine perennierende Pflanze ist, aber da habe ich meine Zweifel. Ich glaube, es blüht zweijährlich, und ich stelle mir vor, daß es seinen eigenen Samen zum Reifen bringt, deshalb müßten wir unseren eigenen Vorrat sammeln und bei Bedarf neue Pflanzen ziehen können.*

In der Nähe hatte ich eine Gruppe von *Onopordum*, die von Samen gezogen worden waren. In diesem Sommer waren sie noch zu jung, um ihre edlen blauen, distelähnlichen Blüten zu produzieren, aber ihre großen grauen Blätter machten sich gut. Sie sind von derselben architektonischen Qualität wie die Blätter des Acanthus, und eine Eibenhecke müßte für sie den idealen Hintergrund darstellen.

An einem Sommerabend tote Rosenköpfe zu entfernen ist eine Beschäftigung, die uns in ein ruhiges Zeitalter und in ein anderes Jahrhundert zurückführt. Königin Victoria könnte noch auf dem Thron sitzen. Im Garten ist alles still, die Wege sind hell, unser stummer Trabant stiehlt sich am Himmel empor, selbst die Flugzeuge sind zur Ruhe gegangen, und unsere Nerven zucken nicht mehr. Wir hören nur das Heulen einer Eule und das rhythmische Schnipp-Schnapp unserer Gartenschere, die die toten Köpfe vor einer neuen

* Inzwischen hat es sich einwandfrei herausgestellt, daß das *Verbascum* zweijährig blüht.

Knospe entfernt und damit für die nächste Zukunft neues Wachstum ermöglicht.

Es ist eine angenehme Beschäftigung, wenn wir uns die Zeit dazu nehmen können, und für die Rosen ist es zweifellos noch angenehmer. Sie werden von den schweren, regendurchtränkten Klumpen vergangener Blüten befreit, von denen weder sie noch irgendwer sonst etwas haben. Die Vorstellung, daß wir mit unserem Schnipp-Schnapp uns und den Rosensträuchern etwas Gutes tun und dem neuen Sproß die Entwicklung erleichtern, ist befriedigend, und noch befriedigender ist es, dann zuzusehen, wie dieser Sproß in überraschend kurzer Zeit um einen Zentimeter nach dem anderen wächst.

Die Strauchrosen haben in diesem Jahr länger gehalten als sonst, vermutlich, weil keine heißen Tage sie verbrannt haben. Aber nun sterben sie recht schnell ab, und ihre kurze Saison gehört schon der Vergangenheit an. Mir fällt auf, daß die als »Errötende Jungfrau« bekannte *Rosa alba* ihre Blüten länger behält als die meisten anderen. Es ist eine sehr schöne alte Rose, mit vielen Blütenblättern von erlesenem Muschelrosa zwischen den graugrünen Blättern; sie duftet sehr süß und ist wie geschaffen dafür, im Haus eine flache Schale zu füllen. Im Garten ist sie durchaus nicht flach, sie kann über zwei Meter hoch und entsprechend breit werden, braucht also einiges an Platz, vielleicht zuviel in einer schmalen Rabatte, ist aber wunderschön und zuverlässig, wenn irgendeine Nische gefüllt werden soll.

Alle alten Rosen haben einen Hauch von Romantik: Bei der großen Errötenden Jungfrau liegt die Romantik allein schon in ihren vielen Namen. Sie wird auch *La Séduisante* und *Cuisse de Nymphe*, also Nymphenschenkel, genannt. Wenn sie zu einem besonders tiefen Rosa errötete, wurde sie *Cuisse de Nymphe émue* genannt. Ich möchte die französische Sprache nicht durch den Versuch beleidigen, diesen höchst ausdrucksvollen Namen zu übersetzen. Ich möchte nur erwähnen, daß Cyrano de Bergerac diese Anspielung zweifellos verstanden hatte und daß junge Paare mit einem unreifen Garten und einer noch unreiferen Tochter im Kindergartenalter durchaus Lust verspüren könnten, die Große Jungfrau alias *La Séduisante* zu pflanzen.

Ein wirkungsvoller, wahrhaft kaiserlich-violetter Farbtupfer in der Rabatte läßt sich im Juli und August mit einer Gruppe von chinesischen Ballonglocken, *Platycodon grandiflorus*, erzielen. Sie können aus im Frühling gesäten Samen gezogen werden, doch da es sich um eine krautartige perennierende Pflanze handelt, können wir während ihres ersten Lebenssommers keine Blüten von ihnen erwarten. Es gibt zwar eine *praecox* genannte Variante, die angeblich schon in der ersten Saison blüht, aber ich habe noch keine Erfahrungen mit dieser Art.

Die Ballonglocke sieht wie die normale Glockenblume aus und gehört auch zur selben Familie, nur ist sie von sehr viel kräftigerer Färbung. Ich finde ihre Form bezaubernd: Zunächst erscheint eine fünfseitige Knospe, die aussieht wie eine winzige Laterne, sie ist so fest verschlossen, als sei sie mit winzigen Stichen zugenäht worden. Dazu kommt noch, daß Sie sie zum Knallen bringen können wie eine Fuchsie, wenn Sie solche Kindereien amüsant finden. Ich brauche wohl nicht zu sagen, daß das der zukünftigen Blüte nicht guttut. Wenn sie sich ungestört entwickeln kann, öffnet sie sich zu einer fünfblättrigen tiefvioletten Glocke mit so schönem Aderwerk, daß Sie eine Blüte ins Licht halten sollten. Sie gehört zu den Blüten, die eine genauere Betrachtung lohnen, denn dabei sehen Sie nicht nur die zarten Adern, sondern auch die bleichen Staubblätter und den saphirblauen Griffel. Eine solche Untersuchung ist zumeist ein Privatvergnügen und bestimmt nicht der wichtigste Grund, warum wir diese üppige Fremde aus China und der Mandschurei anpflanzen. Uns geht es vor allem um den Farbtupfer an der Kante, ein Wert, den wir kaum übertreiben können. Ich würde sie gern zusammen mit den federähnlichen Blättern von *Thalictrum delavayi*, der Wiesenraute, sehen, vor allem der »Hewitt's Double« genannten Variante mit ihren farnhaften Blättern und der Wolke aus unzähligen kleinen, malvenfarbenen Blüten, die die größere Solidität der violetten Ballonglocke auflockern. Doch leider will die Wiesenraute nichts mit mir zu tun haben, so geduldig ich sie auch pflanze und wieder pflanze, und deshalb muß ich mich damit begnügen, sie anderen, vom Glück eher begünstigten Personen zu empfehlen.

Die Ballonglocke jedoch bringt keine Schwierigkeiten und scheint sich in normalem Boden in der Sonne, ziemlich vorn in der Kante, denn sie wird nicht größer als höchstens sechzig Zentimeter, sehr wohl zu fühlen. Wir können ein passendes Veilchen oder Stiefmütterchen davorsetzen.

In dieser Woche möchte ich über ein Thema von allgemein gärtnerischem Interesse schreiben, statt immer nur spezielle Pflanzen zu empfehlen. Diese Bemerkungen werden sich zwangsläufig auf größere Gärten beziehen, in denen Pflanzen in großzügiger Anzahl gezogen werden können, aber ich glaube und hoffe, daß sie sich im Prinzip auch auf kleine Gärten anwenden lassen werden.

Ich glaube nämlich, daß man Gärten immer in bezug auf Architektur und auf Farbe ansehen soll. Wir haben große Mengen von, sagen wir, Strauchrosen, die gewaltige, voluminöse Büsche bilden, wie eine viktorianische Krinoline, oder die mit wilden Zweigen um sich schlagen, oder, anders ausgedrückt, manche Pflanzen bilden runde Büsche und scheinen als Kontrast eine hohe, spitze Pflanze zu verlangen, zum Beispiel einen Rittersporn, der wie ein hellblauer Kirchturm über den Rosen aufragt, und nicht, wie in der herkömmlichen Gartenanlage, hinten in einer krautartigen Einfassung. Es ist alles eine Frage der Form. Architektonische Form verlangt unter den fetten Runden etwas spitzes Dünnes, so, wie sich das Minarett über der Kuppel einer Moschee erhebt.

Für den kleinen Garten möchte ich betonen, daß wir sehr gut einige Zweige der rosa *Linaria Canon Went* dazu bringen können, sich über einem Teppich aus Veilchen oder Stiefmütterchen zu erheben. Dieses Leinkraut wird aus Samen gezogen; es sät sich überall selber aus wie ein willkommenes, nicht unerwünschtes Unkraut, und auch als Schnittblume macht es sich sehr gut, so daß es sich empfiehlt, es in großen Mengen anzupflanzen.

Eine andere Pflanze, die für unseren Zweck gut geeignet ist, ist die Palmlilie *Yucca gloriosa*. Sie ragt im Juli als schwere, riesige elfenbeinfarbene Pyramide auf und ist von hohem architektonischem Wert. Sie blüht nicht jedes Jahr, deshalb brauchen Sie mindestens drei Pflanzen, um eine jährliche Blüte zu garantieren. Und dazu wiederum brauchen Sie einiges an Platz. Ich habe anfangs gesagt, dieser Artikel richte sich an Leser mit größeren Gärten, doch wenn der kleinere Garten in einer Ecke auch nur drei Meter Platz hergeben kann, dann wird *Yucca gloriosa* im Juli schöne Überraschungen bieten und meine Behauptung unterstützen, daß Sie unterschiedliche Formen und Größen brauchen, wenn sie kein amorphes Wirrwarr wollen, sondern eine ästhetische Komposition. Die Palmlilie, ein Kind der mexikanischen Wüste und der heißeren Teile der USA wie Kalifornien, hat es am liebsten trocken und sonnig, paßt sich im ganzen aber unserem Boden und Klima recht gut an.

Juli ist der beste Monat zum Teilen von farbigen Primeln und Polyantha-Hybriden, doch auch die erste Augustwoche ist noch nicht zu spät, vor allem bei feuchtem Boden. Ich halte sie für eine der pflegeleichtesten Pflanzen, wir sehen sie überall, in der Sonne, im Schatten, in Einfassungen und abgelegenen Ecken, sie sind anpassungsfähig und genügsam, wenn sie auch ein wenig Schatten durch Bäume oder unter einer Nordwand am liebsten mögen. Sie scheinen einen eher schweren Boden vorzuziehen, und sie sollten in etwa alle drei Jahre geteilt werden: Dann wird die Knolle vorsichtig geöffnet, und die Teile mit Wurzeln werden wieder eingepflanzt, eine sehr ökonomische Methode, um Ihren Vorrat zu vergrößern.

Das gehört zum Abc jedes Gärtners, und ich möchte vor allem über die schwierigeren Sorten schreiben. Wie viele von uns haben es mit den alten Varianten versucht, und wieviel Kummer hat dieser Versuch uns beschert! Wir sehen die alte gefüllte violette, die gefüllte tiefrosa, die gefüllte weiße, die aussieht wie eine winzige Centifolia-Rose; doch wie selten sehen wir die dunkelrote *Madame Pompadour* oder die *Cloth of Gold*. Die alten gefüllten lassen sich vermutlich am besten ziehen, eine Vermutung, die dadurch gestärkt wird, daß sie im Handel auch die billigsten sind. Ich habe mich bei einigen Züchtern erkundigt und allerlei unterschiedliche Meinungen gehört. Allgemeine Übereinstimmung besteht darin, daß sie ungeheuer viel Nahrung brauchen; sie brauchen an ihren Wurzeln eine starke Diät aus verrottetem Dung oder Kompost, und sie müssen jedes Jahr verpflanzt werden, weil sie den Boden rasch erschöpft haben. Sie müssen sie entweder ausgraben, das Beet erneuern und sie dort wieder setzen oder sie ausgraben und sie anderswo in ein neues Beet pflanzen. Fressen, fressen, fressen, das ist ihr Motto. Sie dürfen nie austrocknen, und die Knollen dürfen nie überbevölkert werden. Der Boden sollte fest sein, nicht leicht. Und wenn das alles zutrifft, dann dürfen Sie auf gutes Gelingen hoffen.

Es gibt noch neuere Varianten, die viel vom Charme der alten Primeln besitzen. *Garryarde Guinevere*, mit bronzenen Blättern und rosavioletten Blüten, ist leicht; wie auch *Betty Green*, rot, und *Craddock White*. *Marie Cousse*, rosa mit weißem Rand, ist auch nicht allzu schwer, ebenso *E. R. Janes* und *Arthur Dumoulin*, die sich allesamt leicht mit Parmaveilchen verwechseln lassen. Alle lohnen den Versuch, vor allem, wenn Sie in Schottland oder Irland leben, wo sie sich offenbar am wohlsten fühlen. Irgend etwas am feuchten Klima scheint ihnen zu bekommen. Wenn Sie in England leben, müssen Sie sie auf andere Weise für das Fehlen von milder Feuchtigkeit entschädigen. Sonst leiden sie unter Heimweh, welken dahin und sterben.

AUGUST

Wie groß unsere Meinungsverschiedenheiten über Rosen auch sein mögen und ob wir Teehybriden, Kletterrosen oder die alten Strauchrosen vorziehen, in einem Punkt stimmen wir doch alle überein: Es ist für die Rose von Vorteil, wie eine Rose zu riechen. Den sogenannten »modernen« Rosen wird oft vorgeworfen, sie hätten ihren Duft eingebüßt, aber dieser Vorwurf trifft nicht immer zu. *Charles Mallerin* zum Beispiel, diese wunderbare schwarzrote Teehybride, ist erst zehn Jahre alt, doch ihr Duft ist so reich wie ihre Farbe. Ich möchte auch an eine riesige rosa Kletterrose erinnern, die ich noch immer im Garten habe: an *Colcestria*, die in den zwanziger Jahren einmal als wohlriechendste Rose ausgezeichnet worden ist. Ich finde sie jetzt in keinem Katalog, was schade ist, denn sie duftet nicht nur wunderschön, sondern ist auch das, was Züchter als »krft.« bezeichnen. Ich muß versuchen, ihren Ruhm zu verbreiten.

Es gibt Rosen, die »an Duft sparen«, wir müssen sie uns dicht vor die Nase halten. Andere wiederum verbreiten sich nur zu gern in der Sommerluft. Unter diesen möchte ich drei ganz besonders erwähnen: *Rosa rugosa alba*, *rugosa blanc double de Coubert* und die hybride Moschusrose *Penelope*. Alle bilden große Sträucher und sollten an einer Stelle stehen, wo Sie oft vorüberkommen. Sie alle blühen kontinuierlich, und *rugosa alba* produziert im Herbst hellrote Hagebutten, wie kleine runde Äpfel zwischen den gelben Blättern, was ihre Anziehungskraft, ihren Charme und ihre Faszination noch verstärkt.

Die hybride Rugosa *Parfum de l'Hay* gilt als eine der kräftigstriechenden Rosen. Leider ist ihre Konstitution nicht so stark wie ihr Duft. Vielleicht ist sie nicht für leichten Boden geschaffen. Ihre Gefährtin *Roseraie de l'Hay* bietet sich wohl eher an und riecht fast ebensogut. Keine bildet einen großen Busch, deshalb passen sie auch für kleine Gärten.

Souvenir du Docteur Jamain ist eine alte immerblühende Hybride, ich bin ziemlich stolz darauf, sie vor dem Aussterben gerettet zu haben. Ich fand sie vor der Bürowand einer Züchterei. Niemand wußte, wer sie war, niemand schien sich dafür zu interessieren, niemand hatte sich die Mühe gemacht, für Fortpflanzung zu sorgen. Ob ich sie ausgraben dürfe, fragte ich. Wenn Sie sich die Mühe machen wollen, sagten sie und zuckten mit den Schultern, es ist eine sehr alte Pflanze mit einer starren, holzigen Wurzel. Ich machte mir die Mühe, *Docteur Jamain* überlebte den Umzug und hat nun in meinem Garten und auf dem Markt einiger Züchter, denen ich ihn gegeben habe, eine blühende Nachkommenschaft. *Docteur Jamain* ist tiefrot, er hat keine besonders großen Blüten, aber er duftet ungeheuer süß und sentimental. Manche Autoren würden von nostalgischem Duft sprechen. Damit meinen sie, daß wir an dieser Rose riechen und dann alle Empfindungen haben, die Rosenduft in unserer Kindheit in uns erweckte oder in unserer Jugend, als wir die Poesie entdeckten und uns zum ersten Mal verliebten.

Ich glaube nicht, daß *Docteur Jamain* in die Sonne gestellt werden sollte. Er verbrennt zu leicht. Eine Südwestlage ist besser für ihn als klarer Süden.

Ich möchte das Thema Rosen noch nicht verlassen und heute über *Rosa alba* schreiben. Dieser Name klingt, als handele es sich immer um eine weiße Rose. Aber das ist ein Irrtum. Das Adjektiv täuscht. Obwohl es durchaus zutreffen kann, daß *Rosa alba semi-plena*, die Weiße Rose des Hauses York, und *Alba maxima*, die große, gefüllte oder Jakobitische Rose, ebenfalls weiß sind, so gehören zur Familie *alba* doch auch viele Varianten, die nicht weiß, sondern rosa sind.

Auch andere Alba-Rosen finde ich entzückend. Bisweilen erscheint *alba celestial* mit ihren muschelrosa Blüten zwischen den graugrünen Blättern mir als eine der schönsten Strauchrosen, die ich mir überhaupt vorstellen kann. Doch wenn ich dann an einem hohen Busch *Queen of Denmark* hochschaue, dann finde ich sie möglicherweise noch schöner, mit ihrem tieferen Rosa als *alba celestial* und ihrer geviertelten Blüte, die aussieht, als ob jemand sie mit einem Löffel umgerührt hätte, wie ein Kind das in einer Schale mit Erdbeeren und Sahne macht.

Mr. Edward Bunyard, der sich so dafür eingesetzt hat, die historischen Rosen wieder bekannt und beliebt zu machen, fand die Alba-Rosen in vieler ungewöhnlicher Hinsicht nützlich. Sie wachsen auch an schwierigen Stellen, sie fühlen sich wohl in von Baumwurzeln durchzogenem Boden (als Beispiel führt er Waldwege an); angeblich sind sie resistent gegen Mehltau; und er fügte noch hinzu, daß wir sie beschneiden können, aber nicht müssen, das hängt ab vom Geschmack des Gärtners, vom verfügbaren Platz und der Zeit, die wir ihnen widmen können. Mr. Graham Thomas, dessen Buch *The Old Shrub Roses* ich immer wieder empfehle, geht noch weiter. Seiner Ansicht nach kann ihnen keine Krankheit etwas anhaben, und sie sind dermaßen stark und stabil, daß sie auch hundert Jahre der Vernachlässigung überleben können: Sie wachsen in feuchten, kalten, nach Norden liegenden Gärten, und sie können auch vor einer Nordwand gepflanzt werden. Anders als Mr. Bunyard jedoch empfiehlt er, sie im Dezember oder Januar zu beschneiden und den langen Trieben noch ein Drittel ihrer Länge zu lassen. Wir müssen uns zwischen diesen beiden Autoritäten entscheiden und selber mit der Beschneidung experimentieren.

Die alten Strauchrosen haben ihre jährliche Zeit der Leidenschaft längst hinter sich. In diesem Sommer haben sie üppiger geblüht denn je, mit einer für ihre Züchter verblüffenden Freigebigkeit. Wir dachten alle, daß im sonnenlosen Sommer 1954 das Holz nicht gereift sein könne und daß deshalb die Blüten verderben würden. Aber die Rosen übertrafen sich selber; ich frage mich, wieso sie sich nicht zu Tode geblüht haben. Ich habe niemals eine solche Blütenpracht erlebt wie im letzten Juni.

Die alten Rosen werden inzwischen immer häufiger gepflanzt. Es findet eine Renaissance des viktorianischen Zeitalters statt, zuerst kamen die Teehybriden, so elegant, so perfekt geformt, so verfeinert und so ganz anders als unsere sentimentalen Vorstellungen von jener Epoche, die wir jetzt in einer klareren Perspektive sehen. Die meisten der alten Gallicas, Damaszenerrosen, Centifolien und ihrer vielen duftenden Gefährtinnen leiden an einem ausschlaggebenden Nachteil: Sie blühen nur einmal pro Jahr. Falls Sie ihnen also keinen eigenen Gartenbereich zuweisen können oder

sich mit einigen Sträuchern hier und da in einer unwichtigen Ecke zufriedengeben, wo es nicht weiter wichtig ist, ob dort während der meisten Sommerwochen ein grüner Laubbusch steht oder ein überwältigend schöner Rosenstrauch, dann sind die alten Rosen nicht das richtige für Sie. Eine Ausnahme sind die Moschushybriden, die mehr oder weniger kontinuierlich blühen. Das gilt auch für einige Rugusa-Rosen, sie duften außerdem süß und sind ziemlich resistent gegen Stockflecken, Mehltau und grüne Blattläuse.

Für romantische Naturen sind alle Rosen von Romantik erfüllt, und wenn eine bestimmte Rose von einer Insel herstammt, dann verdoppelt die Romantik sich noch, denn eine Insel ist verkörperte Romantik.

Die Insel, die ich meine, liegt vor der afrikanischen Südwestküste in der Nähe von Mauritius. Sie wurde früher Île de Bourbon genannt, heute heißt sie Réunion. Die Bewohner dieser kleinen Insel hatten die charmante Angewohnheit, ihre Hecken aus Rosen zu pflanzen. Dabei verwendeten sie nur zwei Sorten, die Damaszenerrose und die China-Rose. Diese beiden heirateten heimlich, und eines Tages im Jahre 1817 entdeckte der Direktor des Botanischen Gartens der Île de Bourbon einen Setzling, den er verpflanzte und heranzog, einen einsamen kleinen Bastard, Vater oder Mutter der ganzen großen Sippe, die wir heute Bourbonrosen nennen.

Es ist seltsam, daß Edward Bunyard 1936 in seinem Buch *Old Garden Roses* schreibt, die Bourbonrosen seien »heute fast vergessen«, und daß er nur vier als »noch erhältlich« auflistet (*Hermosa*, *Bourbon Queen*, *Louise Odier* und *Mme. Pierre Oger*.) Nicht einmal *Zephirine Drouhin* wird erwähnt, eine

Rose, die sich schon 1867 zur Abrüstung entschloß und seither als »Rose ohne Dornen« bekannt ist. Das zeigt, wie sehr sich der Geschmack in den vergangenen zwanzig Jahren geändert hat, denn jetzt sind mindestens zwei Dutzend unterschiedliche Varianten im Handel.

Die alles andere als vergessenen Strauchrosen sind jetzt wieder voll en vogue, und einige der begehrtesten gehören zur Sorte Bourbonrose. Ihr Duft allein zeigt uns den Grad, bis zu dem sie diese Eigenschaft von ihren Damaszener Vorfahren geerbt haben; wir brauchen nur an *Mme. Isaac Pereire* und *Mme. Pierre Oger* zu denken, zweifellos zwei der wohlriechendsten Zuchtrosen. Wir alle haben unsere duftenden Lieblinge, und bestimmt wendet jetzt irgendwer ein: »Und was ist mit *Parfum de l'Hay*?« Aber ich werde weiterhin die Ansprüche dieser beiden Damen aus der Bourbonengruppe verteidigen.

Die Kreuzung hat eine seltsame Variantenmenge hervorgebracht. *Coupe de Hébé* von 1840 läßt sich leicht mit einer Centifolie verwechseln; und wenn Sie gestreifte Rosen mögen, dann gibt es *Honorine de Brabant* und *Commandant Beaurepaire*, 1874, rosa und weiß wie die alte *Rosa mundi*, aber meiner Ansicht nach nicht so gut wie die alte Rose der Welt. Von den neueren Züchtungen ergibt *Zigeunerknabe*, 1909, den protzigsten, prachtvollsten Busch, den Sie überhaupt in irgendeine Ecke stellen können: In seinem rötlichen Lila sieht er eher aus wie ein Kardinal in vollem Ornat, der sich zur Prozession bereit macht – und nicht wie ein Zigeunerknabe.

Nun ein paar Worte über Rosen, die wir nicht so oft sehen. *Comtesse du Cayla* ist eine China-Rose, deren Stiele, bei jungem Holz, so rot sind, daß sie bei hellem Licht fast durchscheinend wirken. Ihre korallenroten Knospen sind eher spitz, sie blüht sehr früh und blüht dann den ganzen Sommer hindurch immer weiter, bis der Frost einsetzt (einmal habe ich am Morgen des ersten Weihnachtstags einen Strauß gepflückt). Ihr Name hat durchaus romantische Assoziationen, denn die Dame, zu deren Ehren sie ihn trägt, war die Maitresse Ludwigs XVIII. Sie ist wirklich eine empfehlenswerte Rose, ist für Stockflecken oder Mehltau nicht besonders anfällig, und sie braucht nur selten beschnitten zu werden, abgesehen von der Entfernung zu alt gewordenen Holzes, vielleicht alle zwei oder drei Jahre. *Mutabilis* oder *Rosa Turkestanica* ist ein lustiger Strauch, er wird bis zu eins achtzig hoch und entsprechend breit. Im Sommer ist er von Einzelblüten in verschiedenen Farben bedeckt, Gold, Dunkelrot, Kupferrot, alles zur selben Zeit. Er ist vielleicht ein wenig empfindlich, eine geschützte Ecke wäre deshalb ein guter Standort für diesen Harlekin.

Wenn sie eine sehr energische Kletterpflanze wünschen, die in einem Sommer ein unglaubliches Stück weiterwächst, dann versuchen Sie sich *Rosa filipes* zu besorgen. Sie macht sich ideal vor einem alten Baum, den sie bald mit einer blaßgrünen hängenden Schleppe und kleinen weißen Blüten mit Gelb in der Mitte umhüllen wird. Ich kann diesen Anblick nur als »wie Spitzen« beschreiben, Myriaden von goldenen Äuglein schauen aus den Spitzen heraus auf Sie herab. Es klingt wie eine phantasievolle Beschreibung von der Sorte, die ich bei anderen Gartenbauautoren hasse, aber manchmal sinken wir eben doch so tief in unserem Kampf, unsere Eindrücke von einem perfekten Sommerabend weiterzugeben, wenn alles den Atem anhält und wir nur dasitzen und schauen und versuchen, alles zusammenzufassen, was wir sehen, und dazu die Geräusche der Sommernacht – die jungen Eulen rufen in ihrem Nest über dem Kuhstall, ein Esel schreit, eine Eichel fällt in einen Tümpel.

Filipes bedeutet »wie Fäden« oder mit fadenartigem Stengel, also ist mein Vergleich mit Spitzen vielleicht doch nicht so weit hergeholt. Auf jeden Fall muß ich beim Anblick des Netzwerks aus langen Trieben, besetzt mit weißen Blütenbüscheln, mit ihrem feinen süßen Duft, immer an ein Kleid aus verschossenem Grün denken, das mit Point d'Alençon besetzt ist – oder denke ich doch eher an Point de Venise?

Wir wissen alle, daß die Samen von zähen Einjährigen im August und September ausgesät werden können und daß die daraus entstehenden Pflanzen zumeist kräftiger sind und früher blühen als die im Frühling gesäten. Es ist zwar schrecklich, jetzt schon an den nächsten Frühling denken zu müssen, weil wir wissen, was wir bis dahin durchmachen werden, aber trotzdem wird der weise Gärtner nun seine Samenkataloge durchsehen und tütenweise Rittersporn, Klarkie, Hainblume, Witwenblume, Pechnelke, Ringelblume und viele andere muntere Einjährige bestellen, die sein Gefallen finden. Es gibt so viele, und da jeder Samenkatalog ausführliche Listen enthält, brauche ich sie hier nicht aufzuzählen.

Nicht alle möchten sich mit Einjährigen abmühen, obwohl jeder einigen Lieblingen treu bleiben wird, und wir können auch nicht leugnen, daß sie während ihres kurzen Lebens eine hellere und strahlender Vorstellung geben als viele der eher ernsten Dauergäste.

Das gilt natürlich nur für draußen ausgesäte Einjährige. Wer wenigstens ein winziges Gewächshaus hat, kann viel Freude mit einigen Töpfen mit empfindlicheren Einjährigen haben, wie wir sie jetzt säen. Sie bringen einen Hauch von Sommer in den Winter. Was könnte denn sommerlicher sein als ein Topf voller Nemesien, entweder in einer Farbe oder in der fröhlichen Mischung, die wir so oft in Cottage-Gärten am Wegrand sehen? Nemesien schenken uns dieses Stück Sommer zu Weihnachten oder Neujahr. Auch zehnwöchige Levkojen sind als Winterpflanzen beliebt. Wer mit im Freien wachsenden Reseda Erfolg hat, kann diese hübschen, altmodischen, sentimentalen, süßduftenden Damen auch in Töpfen ziehen. Sie brauchen festen Boden und ein wenig Kalk, und manchmal führen sie sogar den erfahrensten Gärtner an der Nase herum, während sie ein andermal auf dem Gartenflecken eines unwissenden Kindes gedeihen. Sie scheinen zu diesen unerklärlich launischen kleinen Wesen mit ganz eigenen Wünschen und Vorurteilen zu gehören.

Ich weiß aus berufenem Munde, daß die wunderschöne Prachtwinde Heavenly Blue, wenn sie jetzt ausgesät wird, mitten im Winter im Gewächshaus eine Fülle von blauen Trompeten produzieren wird. Wenn Sie sie an langen Bambusstöcken befestigen, um die sie ihre zarten Triebe, ihre blassen, herzförmigen Blätter und ihre verblüffenden azurblauen Blüten winden können, ist sie im Januar dann wirklich eine wunderbare Erinnerung an den Sommerhimmel.

Darf ich ein gutes Wort für Dill einlegen? Ich finde Dill sehr schön, im Garten und im Haus, vor allem vielleicht im Haus, wo er aussieht wie feine goldene Spitzen, wie Federn zwischen den schweren flachen Köpfen der Schafgarbe, *Achillea*, einer der in unseren Gärten am häufigsten auftretenden krautartigen Pflanzen.

Dill ist natürlich keine krautartige Pflanze; sie ist eine Einjährige, sät sich aber selber so ausgiebig aus, daß wir uns nie um Erneuerung kümmern müssen. Darum kümmert er sich selber, Jahr für Jahr wächst er an Stellen, wo Sie ihn haben wollen, und auch an vielen, wo Sie ihn nicht haben wollen. Er hat viele Qualitäten, auch wenn Sie sich nicht darauf verlassen sollten, daß er »in Wein gekocht den Schluckauf beendet« oder »Hexen ihre Zauberkraft nimmt«. Zu seinen Qualitäten zählt, abgesehen davon, wie gut sich seine gelbe Eleganz in einem gemischten Blumenstrauß macht, die Tatsache, daß Sie mit seinem Samen Essig zum Gurkeneinlegen würzen können. Wenn Sie wollen, können Sie mit den jungen Blättern auch Suppen, Soßen und Fisch würzen. Alle Mütter haben von Dillwasser gehört, aber nur wenige werden sich die Mühe machen, dieses Gebräu selber herzustellen. Für die Köchin oder Hausfrau ist daher die praktischste Verwendungsmöglichkeit wohl die der Samen dieses hübschen Gewürzkrautes, die sich in Kuchen, kleinem Gebäck oder Brotkrusten von Kümmelsamen nicht unterscheiden lassen. Wenn wir erst Dill im Garten haben, brauchen wir uns um unsere Kümmelkuchen keine Sorgen mehr zu machen, denn dreißig Gramm enthalten angeblich über fünfundzwanzigtausend Samenkörner; und wenn wir die nicht alle für unseren Kuchen brauchen, dann können wir sie aufbewahren, denn sie haben nach drei Jahren noch nichts von ihrer Würze verloren.

Dill gehört natürlich eigentlich in den Kräutergarten, aber wenn Sie keinen haben, dann macht er sich auch in jeder Rabatte gut. Ich vermische gern alles mögliche, und wenn ein Gewürzkraut sich in einer Rabatte gut macht, warum sollten wir es nicht dorthin setzen? Das gehört doch zweifellos zur Kunst der Gärtnerei.

Übrigens lautet der offizielle botanische Name des Dill *Anethum graveolens*, das zur Information für alle, die nicht so wie ich die kurze einsilbige Bezeichnung vorziehen.

Jetzt ist der richtige Zeitpunkt, um die Zwiebeln von *Amaryllis belladonna*, auch Belladonnalilie genannt, zu bestellen und zu pflanzen. Sie fühlt sich im Schatten überhaupt nicht wohl und verlangt eine heiße, sonnige Stelle, um überhaupt Blüten zu produzieren. An einer solchen Stelle jedoch, vor einer Südwand, oder, besser noch, einer Gewächshauswand, liefert sie Bündel von rosavioletten Trompeten an einem nackten Stiel, der Ende September und Oktober von wunderschönem Pflaumenblau ist, gerade dann, wenn es neben Dahlien, Chrysanthemen und japanischen Anemonen kaum noch Blumen für das Haus gibt.

Amaryllis belladonna stammt aus Südafrika und kommt in der südlichen Hälfte Englands mit dem Klima einigermaßen gut zurecht. Ich würde diese Pflanze für nördliche Gärten nicht empfehlen, es sei denn, sie kann mit besonderer Pflege rechnen: Darunter verstehe ich Schutz im Winter und in dem problematischen Augenblick, wenn die ersten Keime aus der Erde lugen. Im Frühling stoßen die Zwiebeln die Blattkeimlinge aus und sollten häufig begossen werden, solange die Blätter grün sind. Dung oder Kompost oder Lauberde, die im Mai auf dem Boden verteilt werden, sind normalerweise eine große Hilfe. Wenn die Blätter gelb werden und absterben, können wir die Zwiebeln sich selber überlassen. Die Sonne trocknet sie aus, und im Herbst erscheint dann die Blüte. Sie sind nicht ganz billig, und wer sich noch größere Extravaganz leisten kann, sollte es mit der Variante *rubra* versuchen, deren Blüte von tieferem, reicherem Rosa ist. Das klingt nun wirklich extravagant, aber Sie werden überrascht davon sein, wie schnell die Zwiebeln sich nach einigen Jahren vermehren. Dann können Sie sie im Juli oder August ausgraben und die kleinen neuen Zwiebeln zur Vermehrung Ihrer Vorräte neu pflanzen. Innerhalb von ein oder zwei Jahren sind sie groß genug zum Blühen. Wenn Sie wollen, können Sie das als Aufforderung nehmen, es bei einem vom Glück begünstigten Freund, der in den nächsten Wochen seinen von Zwiebeln übervölkerten Garten ausdünnt, mit Schnorren zu versuchen. Aber vergessen Sie nicht, wie wichtig die Sonne ist. Es ist erstaunlich, wieviel wenige Stunden Schatten am Nachmittag schon ausmachen können. Ich habe es ausprobiert: Ich habe einige Blumen den ganzen Tag in der Sonne stehen lassen, andere waren im Halbschatten. Die im Halbschatten haben keine Blüten, die in der Sonne blühen mit Begeisterung.

Jede neue Post bringt im Moment neue Zwiebelkataloge, und das stürzt uns in einen Zustand verwirrter Versuchung. Wir sollten daran denken, daß wir heute, am 17. August, das Fest des heiligen Hyazinth begehen, der im 13. Jahrhundert in Polen gelebt hat. Er hat allerdings nichts mit den Zwiebeln zu tun, die wir nun bestellen werden, um sie in faserhaltiger Erde in Töpfen oder draußen im Garten zu pflanzen. Es wäre sinnvoller, an den Heiden Hyazinthos zu erinnern, den schönen Jüngling, den Apollon liebte, weshalb er den Leichnam des Ermordeten in die Blume verwandelte, die wir noch heute mit seinem Namen benennen.

In einem so kurzen Artikel kann ich nur einige der Zwiebeln nennen, denen ich nicht widerstehen kann. Das hier ist eine persönliche Liste, die einen persönlichen Geschmack wiedergibt. Fangen wir mit den Tulpen an. Mir gefallen die große gelbe *Mongolia*, die große weiße *Carrara* und *Zwannenberg*. Ich mag auch *The Bishop*, von tiefvioletter Farbe, kräftig und zuverlässig, auf starkem Stiel, groß, jedes Jahr von neuem zur Stelle. Ich mag die kleine gefranste *Sundew*, sie ist tiefrosa, sehr billig und selten zu sehen. Ich mag die vielen phantastischen Papageientulpen, mit ihren wilden Farben, ihrer lässigen Haltung, viel weniger steif als die Darwins, Tulpen für die Vase, weniger für den Garten. Ich darf auch die frühe kleine *Couleur Cardinal* nicht vergessen, die einen so hübschen, adretten pflaumenblauen Kelch öffnet, der das Herz jeden Klerikers erfreuen müßte. Mir kommt sie immer vor wie ein junger Neffe von *The Bishop*, und ich würde sie gern zusammen sehen. Von mir aus können Sie das Nepotismus nennen. Nur blühen sie leider nicht zur selben Zeit.

Verlassen wir nun die Tulpen, und wenden wir uns den

Narzissen zu. Wiederum können wir in Verwirrung geraten. Ich habe einfach keinen Platz für die zahllosen Sorten, aber ich möchte Ihre Aufmerksamkeit gern auf einiger der kleineren lenken, zum Beispiel *canaliculatus* mit ihrem süßen Duft, oder *triandrus*, auch Engelstränen genannt. Schließlich noch auf die *Sweetness* mit ihrem leuchtenden Gold und ihrem würzigen Geruch. Sie alle sind Schätze für den kundigen Gärtner.

Und bitte, vergessen Sie die Schachbrettblumen nicht! Sie kosten so wenig und vermehren sich im Gras so überraschend schnell. Sie säen sich selber aus und tauchen immer wieder in den seltsamsten Ecken auf, wo sie niemals gepflanzt worden sind.

Ich weiß, daß ich schon früher über die Vorzüge des Verfahrens geschrieben habe, Lilien aus Samen zu ziehen, aber das ist Jahre her, und deshalb möchte ich das Thema noch einmal aufgreifen. Diese Methode erfordert einige Geduld, es dauert drei oder vier Jahre, bis die Zwiebeln alt genug zum Blühen sind, aber die Mühe macht sich wirklich bezahlt! Wichtig ist auch, daß Ihre Zwiebeln nicht ausgetrocknet sind, was für jede Lilie fatal wäre. Die Samen dürfen von keinerlei Viruskrankheit befallen sein, denn die könnte bei der Pflanze später ausbrechen. Das kann natürlich auch sonst passieren, aber dann wissen Sie immerhin, daß Sie einen sauberen Anfang gemacht haben.

Ich habe festgestellt, daß in ziemlich tiefen Schalen ausgesäte Samen kleine Zwiebeln ergeben, die schon in der zweiten Saison ausgepflanzt werden können. Die Samen können aber auch in bereits vorbereiteten Pflanzrillen im Gartenbeet gesät werden. Schalen lassen sich allerdings besser kontrollieren, vor allem, was das Unkrautjäten betrifft. Stellen Sie sie auf eine Aschunterlage, um das Eindringen von unerwünschten Insekten zu verhindern.

Lilien sind meiner Erfahrung nach launisch und unvorhersagbar. Manche haben nichts gegen kalkhaltigen Boden, andere wollen nichts davon wissen. Um festzustellen, womit Sie es zu tun haben, sollten Sie den Katalog eines guten Lilienzüchters konsultieren, der jede Variante detailliert beschreibt. Ich will hier nicht verallgemeinern, aber da mich neulich ein bekannter Lilienzüchter besucht hat, kann ich hier einige Körnchen seiner Weisheit weiterreichen.

Gute Bewässerung, sagt er, ist für alle Lilien lebenswichtig. Sie mögen Feuchtigkeit, können aber ein nasses Beet mit stehendem Wasser nicht vertragen. Wenn Sie also ihr zukünftiges Beet anlegen und es mit dem von Ihren Lilien vorgezogenen Boden füllen – mit Lauberde, Lehm und Sand, als Faustregel –, dann sorgen Sie dafür, daß das Wasser darunter gut ablaufen kann. Lilien wollen auch nicht vom Wind gebeutelt werden, stellen Sie sie also unter den Schutz von Sträuchern. Schließlich, sagte er, denken Sie daran, daß es keine bessere Laubdecke gibt als eine aus grün geschnittenem Farn, der in kleine Stücke zerschnitten wurde und dann verrottet ist. Er verwarf die Verwendung von abgemähtem Rasen, von Kunstdünger und frischem organischem Dünger. Und Dünger, sagt er, sollte niemals mit der Zwiebel in direkten Kontakt kommen; er sollte ein Stück unter ihr ausgestreut oder als Decke verwendet werden. Knochenmehl dagegen nutzt immer und kann nicht schaden.

Die hohen weißen Lilien waren im Juni- und Juligarten einfach phantastisch. Ihre kühle Pracht wirkte in der Dämmerung wie ein Schluck Wasser nach einem heißen Tag. Ich sehe sie gern über niedrigen Pflanzen mit grauen Blättern aufragen, so wie Beifuß, Eberraute und Heiligenblume, oder über einigen Wolken von Schleierkraut. Der Kontrast von so unterschiedlichen Formen wie der der abgerundeten Büsche und des Glockenturms der Lilie bildet eine architektonische Harmonie.

Oft höre ich, Lilien seien schwer zu ziehen, und dann werden sie als kostspielige Enttäuschung abgetan. Dieses Mißverständnis hat sicher mehrere Gründe: 1) den berüchtigten umgekehrten Snobismus der Madonnenlilie, die offenbar nur in Cottage-Gärten wachsen mag, 2) das Wüten des als Botrytis bekannten Pilzes und der Viruskrankheit Mosaik, 3) die Vorstellung, daß alle Lilien dieselben Bedingungen stellen, 4) die Versuche von unerfahrenen Gärtnern mit Varianten, die wirklich nur bei ausgewiesenen Fachleuten überleben. Wenn der Amateur sich jedoch mit einem halben Dutzend zuverlässiger Arten zufriedengibt, dann kann er eigentlich mit Triumph rechnen, nicht mit Enttäuschung.

Als erstes sollte er sich mit den Vorlieben und Abneigungen der Lilien vertraut machen, die er pflanzen möchte. Manche hassen Kalk, andere verlangen danach. Dann sollte er darauf achten, wirklich nur gesunde Zwiebeln zu kaufen, keine trockenen oder verschrumpelten, und niemals welche, deren Wurzeln abgeschnitten worden sind. Billige, wurzellose Zwiebeln, wie wir sie oft in Kramläden und Supermärkten sehen, sind fast immer ein Fehlschlag. Kaufen Sie bei einem guten Züchter, und vermehren Sie Ihren Vorrat, indem Sie Pflanzen aus Samen oder Zwiebelschuppen ziehen, was eine wirklich faszinierende Beschäftigung ist. Drittens sorgen Sie dafür, daß alle Lilien gut entwässert werden; eine Schicht Sand um jede Zwiebel ist da eine große Hilfe. Viertens, möchte ich raten, fangen Sie mit den Sorten an, die eine brauchbare Erfolgschance bieten, ihre Liste ist kurz, und wir finden darauf die Königslilie, *L. regale*, die Tigerlilie, *L. lancifolium*, die gelbe Pyrenäenlilie, *L. pyrenaicum*, die lila Türkenbundlilie, *L. martagon*, und die riesige orange *L. henryi*.

Ich weiß, daß jetzt viele erfolgreiche Experimentierer einen Schrei der Entrüstung ausstoßen werden. Was ist mit der Nanking-Lilie, *L. testaceum*, was mit der gestreiften Goldbandlilie, *L. auratum*, mit der Pantherlilie, *L. pardalinum*, was schließlich mit der Riesenlilie, die jetzt *Cardiocrinum giganteum* genannt wird?

Ich schreibe diese Zeilen hier nicht weit von zu Hause entfernt, auf einer nicht unreizvollen Expedition durch die Gärten anderer Leute. In einigen machten die Hortensien viel von sich her, allerdings kommen sie in größeren Gruppen besser zur Geltung, finde ich, als Einzelexemplare. Auf jeden Fall erinnern sie mich immer an gefärbte Perücken, deshalb ist mir die lockere Variante namens *paniculata* lieber. Sie hat einen flachen Blütenkopf, der von offenen, sterilen Blüten umgeben ist. Eine besonders dauerhafte Variante heißt *sargentiana*.

Bei den leistungsfähigen Kletterern war die Klettertrompete *Campsis grandiflora* mit ihren orangeroten Trompeten farblich ebenso beeindruckend wie die bescheidene Kapuzinerkresse. Sie sollten niemals vor roten Ziegeln gepflanzt werden, sondern vor grauen Steinen oder einer weißgetünchten Mauer, dort sehen sie munter und strahlend schön aus. Die beste Variante ist *Campsis Mme. Galen*. Eine weitere orangefarbene Kletterpflanze, wenn auch nicht so auffällig, trägt den unglücklichen Namen *Eccremocarpus scaber*; wenn ich einen englischen Namen für diese Pflanze wüßte, würde ich ihn Ihnen verraten. Vielleicht hat sie keinen. [Der deutsche Name ist Schönranke.] Sie gilt zwar nicht als unbedingt zäh, hat den letzten Winter aber unversehrt überstanden. Mir ist auch aufgefallen, daß der sehr hübsche kleine, weiß und golden blühende Baum *Eucryphia intermedia* den Winter überlebt hat; er wächst ziemlich langsam, aber alle geduldigen Gärtner sollten einen oder zwei pflanzen. Er hat den Vorteil, daß er schon sehr jung blüht; und das im August, wenn wir einen solchen Lückenbüßer wirklich brauchen.

Hier noch ein Hinweis: Zwiebeln, die im nächsten Winter zum Blühen in Töpfe gesetzt werden, sollten in Blumenerde gepflanzt werden und im Dunkeln stehen, bis ihre blassen kleinen Nasen mindestens sechs Zentimeter hervorlugen. Wenn Sie keinen dunklen Schrank haben, dann machen Sie es wie eine Freundin von mir, die ihre mit großem Erfolg unter dem Wohnzimmersofa zog.

Wer Platz für einen kleinen Baum hat, dem empfehle ich den Aetnaginster, *Genista aetnensis*, der seine Betrachter immer verblüfft und mir einen Ruhm einbringt, den ich überhaupt nicht verdient habe. Er ist nicht schwieriger aufzutreiben oder anzupflanzen als jede andere Ginsterart; und wenn Sie ihn an die richtige Stelle setzen, und damit meine ich, im richtigen Winkel vor einem dunklen Hintergrund, dann wird er sich im Juli mehrere Wochen lang ungefähr so entfalten wie das Feuerwerk, das wir als Goldregen kennen und das wir am 5. November [Guy-Fawkes-Day] auf allen Dorfangern bewundern können. Dieser Ginster ist wirklich wunderschön, hell und zart wie Schaum überschüttet er uns aus einer Höhe von fünf Metern und mehr mit einem Nebel aus goldenen Blüten und leuchtet so strahlend, daß wir einfach keine Worte mehr finden, wenn wir plötzlich um eine Ecke biegen und ihn entdecken. Pflanzen Sie zumindest einen; aber lassen Sie ihn vom Züchter *im Topf* liefern, er mag es überhaupt nicht, wenn seine Wurzeln aus dem Boden gezogen werden.

Ich habe unter dem Aetnaginster Johanniskraut gepflanzt; beides ist noch jung, aber später werden sie dann gleichzeitig blühen, und das reichere, tiefere Gelb des Johanniskrauts wird gut zu dem luftigen goldenen Springbrunnen darüber passen. Es handelt sich hier um das strauchartige Johanniskraut, nicht um den normalen, langsam wachsenden Johanniswurz, sondern zumeist um *Hypericum patulum*, vermischt mit einigen, wie Schätze gehüteten Ablegern besserer Varianten wie *H. Rowallane*, doch wenn Sie Ihren Züchter einfach um einen Hypericumstrauch bitten, können Sie auch nicht viel falsch machen. Sie werden feststellen, daß er sich fast jede Art von Mißhandlung gefallen läßt; daß er in Sonne und in Schatten wächst, daß er überhaupt sehr umgänglich ist, wenn er auch im Grunde leichteren Boden vorzieht. Für die Hausfrau möchte ich noch hinzufügen, daß er zum Schneiden sehr geeignet ist, denn jede Knospe öffnet sich im Wasser, Tag für Tag, und das ist wirklich wichtig für eine, die die Blumen »im Haus erledigen muß« und nicht die Zeit hat, um verwelkte Blüten zu erneuern.

Im August sollten wir an Hortensien denken. Außerdem gibt es noch die *Buddleia alternifolia*, mit ihren langen lila Zweigen, die so viel eleganter sind als der für alle Insekten so attraktive gemeine Sommerflieder. *Clethra alnifolia*, der Süße Pfefferstrauch, hat weiße Blütenquasten, die im August gut riechen; für den nördlichen Garten ist er nicht geeignet, im Süden fühlt er sich recht wohl.

Clerodendron speciosissimum und *Clerodendron trichotomum* sind kompakte kleine Bäume, die in unseren Gärten nicht oft zu sehen sind. Ihre Blüten sind nichtssagend, aber die Beeren, die auf die Blüten folgen, lohnen das Anpflanzen. Diese weißen und scharlachroten Beerendolden sehen eher aus wie eine künstliche Hutdekoration. Sie glänzen und leuchten in ihrer Farbenpracht wie eben erst lackiert. Versuchen Sie es in Ihrem Garten zumindest mit einem Exemplar. Ich rate zu *speciosissimum.*

Mitte August bedeutet Herbstanfang, und dieser Tatsache sollten wir uns tapfer stellen. Ich habe eigentlich gar nichts gegen den Herbst. An manchen Tagen können wir uns durchaus überlegen, ob er nicht die allerschönste Jahreszeit ist. Wir beklagen die Tatsache, daß der Herbst anbricht, eigentlich nur als böses Omen.

In einem kleinen viereckigen und von Stechpalmen umstandenen Garten habe ich mir alle im Moment blühenden Blumen notiert. Sie zeigen Abstufungen einer Farbe – Gelb,

Rot und Orange –, und deshalb wird diese Anpflanzung oft als Sonnenuntergangsgarten bezeichnet. In seinen besten Augenblicken glüht und lodert er. Die dunkle Hecke verstärkt diese Wirkung noch. Eigentlich sollten die Hecken in Stränge und Vorhänge des scharlachroten *Tropaeolum speciosum* eingehüllt werden, der Kapuzinerkresse, die im Norden so häufig zu sehen ist, aber diese Pflanze scheint dem schottischen Nationalismus zu huldigen, mit dem Garten eines Engländers mag sie nichts zu tun haben.

Der restliche kleine Garten gleicht alles wieder aus. Es gibt Fackellilien, Tigerlilien, Monbretien und diese Pflanze, die aussieht wie eine riesige Monbretie, *Antholyza*, verballhornt natürlich zu Aunt Eliza, obwohl keine Tante Eliza auf der ganzen Welt sich jemals so aufreizend kleiden würde. Die Gelbtöne werden vertreten durch Johanniskraut, *Hypericum Hidcote*; ich weiß, daß *Hypericum Rowallane* vorzuziehen ist, aber das ist nicht so zäh, und so groß sind die Unterschiede nun auch wieder nicht. Weiteres Gelb kommt hinzu durch das große, hohe, federartige Kreuzkraut *Senecio tamoides*, einige Kokardenblumen und einige verspätete Schafgarben und Fingersträucher sowie goldene Stiefmütterchen als Basis vor orangefarbenem Löwenmaul. Einige *Lilium henryi*, eine der pflegeleichtesten Liliensorten, ragen höher als mannshoch über den Rosenbüschen *Mrs. Van Rossem* auf; eine Gruppe Zinnien bringt genau dort, wo es nötig ist, einen Tupfer Orange, die Dahlie *Bishop of Llandaff* breitet in einer schattigen Ecke ihre dunkelgrünen Blätter und ihre dunkelroten Blüten aus; und in einem engen Beet, wo sie beim Sich-Öffnen genau von der Sonne getroffen wird, leuchtet die neue Hybride *Venidio-arctotis*.

Habe ich übertrieben? Natürlich. Der kleine Garten sah nicht ganz so aus, war aber doch sehr ähnlich, und es gibt keinen Grund, warum er eines Tages nicht den Vorstellungen seines Besitzers ganz und gar entsprechen sollte. Darum geht es doch beim Gärtnern im Grunde: Wir machen uns in Gedanken ein Bild, und Jahr für Jahr führen wir es in der Wirklichkeit näher an die Vollendung heran.

Wenn uns etwas genau bekannt ist, dann nehmen wir nur zu gern an, daß andere ebenso vertraut damit sind, doch das ist ein schwerwiegender Irrtum und eine Form von Egoismus, die wir sorgsam unterdrücken sollten. Mich zum Beispiel haben mehrere Male Nachfragen nach einer Pflanze verblüfft, die ich für so verbreitet gehalten hatte wie Primeln. Was sie aber offenbar nicht ist. Sie erregt Aufmerksamkeit, sie erweckt Neugier. Sie gefällt.

Ich denke hier an den Trichterschwertel, *Dierama pulcherrimum*. Das lateinische Adjektiv *pulcherrimum* bedeutet »wunderschön« oder »die Schönste«. Ich selber würde den Trichterschwertel nun nicht gerade als wunderschön bezeichnen, mir sind die Blumen lieber, die genauere Betrachtung erfordern, ehe sie ihre innerste geheime Schönheit zeigen, und der Trichterschwertel kann solche Ansprüche nicht erfüllen. Aber wir sollten von keiner Pflanze und auch von keinem Menschen Qualitäten fordern, mit denen die Natur sie nun einmal nicht versehen hat. Wir sollten dankbar die Tröpfchen und Körnchen Schönheit und Eleganz annehmen, die eine Pflanze oder ein Mensch dem täglichen trüben Lebenskampf hinzufügen können.

Der Trichterschwertel sieht ziemlich unordentlich aus. Er wächst in einem Klumpen aus schilfig aussehenden Blättern, er ist drahtig und läßt seine Rute aus weinroten Blüten wunderschöne Kurven beschreiben, sie biegt sich nach rechts und nach links, nie nach oben, sie kommt nie zur Ruhe. Und das macht für mich den besonderen Charme des Trichterschwertel aus: Er ist immer in Bewegung. Sogar an einem windstillen Sommerabend, wenn sich nicht einmal die Pappelblätter bewegen, ist der Trichterschwertel in sanfter Bewegung. Seine hängenden Glocken beben ganz leicht. Er reagiert noch auf den unmerklichen Hauch eines zarten Zephyrs.

Der Trichterschwertel sollte in Wassernähe wachsen. Dann würde er sich verdoppeln: die von der Brise sanft bewegte und im Wasser widergespiegelte Blüte, die sich mit der Wasseroberfläche kräuselt und scheinbar in bodenlose schwarze Tiefen hinunterreicht. In einer solchen Lage würden sich auch die schilfigen Blätter besser machen als in einem Beet oder eine Rabatte, doch glauben Sie deshalb ja nicht, *Dierama* liebe Sumpfboden. Im Gegenteil, es zieht einen gutentwässerten Standplatz vor, wenn es am Wasser stehen soll, müssen Sie es deshalb auf einem überhängenden Ufer pflanzen. Da es aus Südafrika stammt, liebt es auch die Sonne.

Sie werden feststellen, daß es einige Geduld braucht, ehe es sich wirklich wohl fühlt, ein oder zwei Jahre vielleicht, aber es vermehrt sich durch Setzlinge, und wenige Knollen werden mit der Zeit für einen zufriedenstellenden Vorrat sorgen. Die Farben sind unterschiedlich. Weinrot tritt am häufigsten auf, aber sie sehen auch Rosa und Weiß. Die beste Pflanzzeit ist der Oktober.

Es gibt sicher nur wenige Menschen, die nicht zumindest ein oder zwei Schneeballvarianten pflanzen, entweder den extrem süß duftenden *carlesii* oder den struppigen *burkwoodii*, den lässigen eleganten *bitchiuense* oder den im Winter blühenden *farreri*, den Duftschneeball. Es gibt noch viele andere, aber diese Varianten sind wohl am häufigsten zu sehen. Sie sind verwandt mit unserem einheimischen Schneeball und dem Schneeballbaum, und wie diese sind sie pflegeleicht, wenn der Boden weder zu karg noch zu trocken ist. Bisher haben sie ihren Besitzern immer viel Freude gemacht, in letzter Zeit aber scheinen sie ein ganz neues Laster entwickelt zu haben. Sie sind auf eine schlechte Idee gekommen: Sie wollen einfach nicht mehr blühen.

Diese Verweigerung ist mir in meinem Garten schon vor vier Jahren aufgefallen, und ich konnte keinen Grund dafür finden. Es hat nichts mit dem Alter der Pflanzen zu tun, einige waren noch ziemlich jung, andere nicht. Auch ihr Standort spielt keine Rolle, einige standen in der Sonne, andere im Schatten, unwichtig ist der Boden, denn der war überall ziemlich gleich. Und bei allem bildeten sich die Knospen, die im nächsten Frühling blühen sollten, wie immer im Sommer heraus, doch dann wurden sie schwarz, schrumpften ein und waren schließlich tot. Sie verwandelten sich in etwas wie winzige schwarze Taschenkrebse mit gekrümmten Scheren oder wie die Knollen von manchen Anemonen, sie sahen überhaupt nicht aus wie die schönen rosa-weißen Blüten, die ich erwartet hatte. In meiner Bestürzung machte ich mir Vorwürfe: Was hatte ich ihnen angetan? Dann ging mein Temperament mit mir durch, und ich machte ihnen Vorwürfe: Undankbares Pack, wie können sie mir plötzlich dermaßen in den Rücken fallen? Aber ich machte mir auch Sorgen, denn wir sind für unsere Pflanzen ebenso verantwortlich wie für unsere Kinder und unsere Tiere.

Nun habe ich festgestellt, daß ich nicht als einzige mit diesem Problem zu kämpfen habe und daß die Royal Horticulture Society in Wisley mit Nachfragen nur so überschüttet wird, deshalb dachte ich, es könnte interessant (wenn auch kein Trost) sein, wenn ich die inzwischen gesammelten Informationen weiterreiche. Es scheint, daß die Fachleute in Wisley bisher offenbar auch noch keine Erklärung haben. Laboruntersuchungen haben keinerlei Ergebnisse erbracht. Unter dem Mikroskop kamen weder Made, Wanze, Milbe, Käfer, Fliege noch andere schädliche Organismen zum Vorschein. Keine Sporen, Pilze, kein Brand und keine andere Seuche. Und auch dem Wetter können wir die Schuld nicht in die Schuhe schieben, einem frühen Herbstfrost vielleicht, denn im letzten Herbst jagte das Quecksilber sogar zu hoch, um dem vorsorgenden Gärtner Freude zu machen. »Das Geheimnis des Schneeballs« klingt wie der Titel einer Sherlock-Holmes-Geschichte und ist nach wie vor ungelöst. Und ausgesprochen herausfordernd.

Ich könnte noch hinzufügen, daß die einzige von meinen Pflanzen, die diese neue Torheit nicht mitmacht, der Schneeball namens *carlecephalum* ist.

Es kommt bisweilen vor, daß eine abgelegene Ecke in einem Garten die Möglichkeit bietet, eine Art »gepflanztes Bild« anzulegen. Vielleicht bilden zwei Mauern oder zwei Hecken einen passenden Winkel; vielleicht findet sich zwischen zwei

Hecken eine Nische, vielleicht handelt es sich um einen kleinen Hof oder ganz einfach um die beiden Seiten neben der Tür eines Gartenschuppens. Wichtig ist vor allem, daß es sich um einen abgetrennten Raum handelt, in dem das Auge nicht von Farbe und Form abgelenkt werden kann, es muß einfach in seinem eigenen Rahmen bleiben.

Ein solches Bild hat sich mir neulich fast schon durch Zufall angeboten. Es wäre originell, würde jedoch ein wenig an eine Bestattung erinnern, und ich würde es wirklich nur anspruchsvollen Gärtnern empfehlen. Gärtnern, die nicht vor dem zurückschrecken, was anderen als düster erscheinen würde, denn die beteiligten Pflanzen haben alle einen Hauch von Trauer. Diese düsteren, grämlichen Schönheiten besitzen die reiche Dunkelheit mancher Früchte, die von bestimmten Pflaumen, schwarzen Trauben oder des Inneren von Feigen. Ganz hinten würde ich in dieser Gruppe *Cotinus coggyria* anpflanzen, den Perückenstrauch, einen großen Busch, dessen Blätter sich im Herbst röten; davor würde ich *Veratrum nigrum* setzen, den Schwarzen Germer; dazu die recht gewöhnliche krautartige *Salvia nemerosa*, deren im August rötliche Deckblätter einfach perfekt dazu passen, davor wiederum stünde das seltsam fleischige *Sedum telephium purpureum*; und zwischen das alles würde ich zu Dutzenden Zwiebeln von *Allium sphaerocephalon* stopfen, Zier- oder auch Blumenlauch genannt, denn die blühen zur gewünschten Jahreszeit und haben die gewünschte Farbe. Schließlich würde ich, um etwaige Lücken zu füllen, im Frühjahr Roten Bergspinat aussäen, diese dekorative und arg vernachlässigte Einjährige, dessen Blätter sich wie Spinat verwenden lassen.

Von den hier erwähnten sechs Pflanzen sind wohl nur zwei

dem anspruchsvollen Gärtner fremd, vielleicht nicht einmal das. Diese beiden sind *Sedum* und *Veratrum*. Wer *Sedum* anschaffen will, auch Mauerpfeffer genannt, muß dem Züchter gegenüber sehr energisch auftreten, um die richtige Sorte zu erhalten, sonst endet er mit einem grünblättrigen Objekt mit schmutzig rosa Blüte, für das wirklich jeder Garten zu schade ist. Er muß darauf bestehen, daß ihm *Sedum telephium purpureum* ausgehändigt wird. Am Ende habe ich solches in Winchester auftreiben können.

Die andere Pflanze, die auch dem anspruchsvollen Gärtner vielleicht unbekannt ist, ist *Veratrum nigrum*. Es hat sehr düster aussehende Triebe von bis zu 1,50 m Höhe, die dicht mit Myriaden von winzigen, fast schwarzen Blüten besetzt sind; es sieht aus, als hätten Schwärme von Fliegen oder fliegenden Ameisen sich dort niedergelassen. Niemand könnte das als schön bezeichnen, aber es ist durchaus interessant und verfügt über eine Art perversen Charme. Es sieht aus wie eine Illustration in einem viktorianischen Buch, zum Beispiel in Thorntons *Temple of Flora*.

Lesern, die Thorntons *Temple of Flora* zu schätzen wissen, möchte ich diese seltsame finstere, mörderische Gartenecke empfehlen. Mörderisch ist sie in doppelter Hinsicht: Die Wurzeln von *Veratrum nigrum* sind giftig, sehen Sie sich also vor. Ein dunkle Ecke, eine *Geheimnisse des Udolpho*-Ecke, eine Ecke, die besucht werden sollte, wenn der Himmel sich angesichts eines heraufziehenden Gewitters verdüstert.

Ich will nochmals auf den Ginster zurückkommen, und zwar möchte ich über die blasseren Sorten schreiben; die weißen, die jungfräulichen, die mondscheinfarbenen, die selbst dann noch nach Mondschein aussehen, wenn die Sonne im Zenit steht. Es gibt *Genista praecox*, einen kleinen Strauch, der im Frühling von Schmetterlingsblüten voll besetzt ist, so hübsch wie ein Kind auf dem Weg in die Tanzstunde. Dann gibt es einen Strauch, der zu Recht den Namen *Mondschein* trägt, der Name verrät, wie er aussieht, und deutet die nächtliche Beleuchtung an, die ihn am besten zur Geltung bringt. Ein Vollmond, der hoch am Himmel steht, der sanft sein seltsames, magisches Licht verbreitet, ganz anders als das kräftige maskuline Licht der Sonne; eine Mischung aus Mondlicht und weißem Ginster, eine Vereinigung von Geistern, die wir sehen müssen und nicht beschreiben können.

Es gibt viele romantische Assoziationen mit Ginster, die weit in die frühen Jahrhunderte englischer Geschichte und englischer Könige zurückreichen. Der Name Plantagenet läßt sich auf *planta genista* zurückführen, denn ein Graf von Anjou, der sich auf Wallfahrt ins Heilige Land begab, nahm sich einen Ginsterzweig als Wappen und Symbol. Dieser Zweig galt zunächst als Symbol für Demut, doch als Shakespeare sich damit befaßte, hatte der demütige Ginster bereits königliche Würden erlangt:

»Berühmter Plantagenet, gnädigster Fürst ...«

Sowie wir uns Shakespeare zuwenden, fragen wir uns, wieviel er wirklich gewußt hat. Als er zum Beispiel in *Heinrich VI.* schrieb: »Ich werde Ginster pflanzen, wer es wagt, möge ihn entwurzeln ...« – wußte er da, was jeder Gärtner weiß, daß der Ginster *planta genista* eine Entwurzelung nicht überlebt? Wer es wagt, möge ihn entwurzeln …

Die Moral von der Geschicht': Bestehen Sie darauf, daß Ihr Züchter Ihnen den Ginster in Töpfen liefert.

Ein Ausländer oder Besucher aus Übersee, der über die englischen Straßen wandert, so wie ich das in den letzten Tagen gemacht habe, wird zweifellos darüber staunen, wie liebevoll und munter unsere kleinen Gärten aussehen. Der Cottage-Garten ist immer schon berühmt gewesen, aber mir scheint, daß der Wunsch nach kräftigen Farben noch zunimmt und sich nicht nur in den hübschen Farben niederschlägt, in denen viele unserer kleineren Häuser jetzt verputzt sind, sondern auch in den munteren Farben der Beete, die an den überraschendsten Stellen angelegt sind. Kaum eine Garage am Straßenrand weist keinen solchen Farbtupfer auf, die Notrufsäulen der Automobile Association sind damit verziert, und ich habe sogar eine Telefonzelle mit einem schmalen Stiefmütterchenbeet gesehen. Die entzückende Angewohnheit, zur Freude der Vorüberkommenden Blumen zu ziehen, vor der Gartenhecke, zur Straße hin, scheint sich auch auszubreiten, und ich hoffe, das geht weiter so, denn nichts ist belebender für das Straßenbild und zugleich selbstloser.

Die Blumen mit ihrem Harlekineffekt hatten nichts Seltenes oder Schwieriges. Es handelte sich zumeist um recht zähe Einjährige, die wahrscheinlich aus im örtlichen Kramladen gekauften Samentüten stammten und sicher nicht mehr als ein paar Shillinge gekostet hatten. Und doch war ihr Auftritt überwältigend! Nemesien, Petunien, Klarkien,

Löwenmäulchen, Männertreu, Mädchenauge, Zinnien, Kapuzinerkresse, alle wild durcheinander ohne irgendeinen farblichen Plan, doch alle paßten zusammen, was sicher in einem großartigeren, besser durchdachten Garten nicht der Fall gewesen wäre. Sogar die »Floristenblumen«, wie Gladiolen und Dahlien, schafften es, sich dieser Gesellschaft anzupassen. Es wirkte alles so mühelos, obwohl das Pflanzen doch einiges an Mühe gekostet haben muß.

Besonders originell war das vielleicht alles nicht, weder, was die Auswahl der Blumen angeht noch ihre Verteilung, die darauf hinwies, daß sie wirklich alle aus den Standardpakkungen eines Blumenverkäufers stammten, aber ich habe auch ein ehrgeizigeres Beispiel angetroffen, das ich sehr gern nachahmen würde, wenn es in meinem Garten eine passende Stelle gäbe. Es handelte sich um einen flachen, mit Platten belegten Platz, er war recht groß, vielleicht an die hundert Quadratmeter, gerahmt von zwei Flügeln eines alten Hauses. Wir könnten ihn als Innenhof beschreiben, dem eine Wand fehlt. Zwischen den Platten klafften in unregelmäßigen Abständen große Lücken, in denen große Gruppen von Löwenmäulchen wuchsen, in unterschiedlichen Farben und Größen, so, als seien sie freiwillig dorthin gewandert. Vielleicht war das ja auch der Fall. Sie sahen wirklich so aus wie kräftige selbstgesäte Pflanzen, und sie waren bereits so groß, daß ich mir vorstellte, daß sie schon länger hier standen als die üblichen zwölf Monate. Alle wissen, daß Goldlack und Löwenmäulchen ihre Größe verdoppeln, wenn sie den Winter überleben und ihr zweites Jahr erreichen. Das passiert oft in alten Mauern, und der Schutz der Platten über den Wurzeln hatte vermutlich dieselbe Wirkung.

Diese abgelegene Stelle in Yorkshire lieferte einen brauchbaren Tip. Ich sehe sehr gern Blumen, die zwischen Platten hervorwachsen, aber ich war nie auf die Idee gekommen, mich auf eine einzige Art zu beschränken. Sie mögen einwenden, daß wir dann wochenlang keine Farben sehen, aber der kräftige grüne Busch allein ist auch ein angenehmer Anblick, und wenn Sie die verwelkten Köpfe entfernen, ehe sich Samen bilden kann, blühen Löwenmäulchen kontinuierlich während des ganzen Sommers.

Ich habe in meinen Artikeln schon früher das Lob des *Gentiana sino-ornata* gesungen, der Stengellose Enzian, dessen Blütezeit jetzt einsetzt und bis Ende Oktober dauert. Es gibt aber noch andere Spätsommer-bis-Herbst-Enzian-Arten, die ich wohl noch nie erwähnt habe. Die *macaulayi* genannte Blüte ist eine der besten. Sie blüht ein wenig später als *sino-ornata*, von der sie abstammt, sie hat dieselbe umwerfende blaue Farbtönung, und ihre Trompeten ragen aus derselben langsamwüchsigen grünen Matte heraus. Wer ein dunkleres Blau vorzieht oder beide Nuancen kombinieren will, sollte zu *Stevenagensis* greifen, einer weiteren Hybride von *sino-ornata*, die passend beschrieben wird als »mit Ritterspornlila changierend«. *Veitchiorum*, der andere Vorfahre dieser Art, entwickelt vielleicht die größten königsblauen Trompeten. Doch keine davon wird höher als neun Zentimeter.

Nichts könnte schöner sein als eine große Gruppe dieser Pflanzen in einem Steingarten. (Diese große Gruppe läßt sich innerhalb weniger Jahre anlegen, selbst wenn Sie mit einigen wenigen Pflanzen beginnen, denn sie vermehren sich sehr schnell und können im Frühling geteilt und neu gepflanzt werden.) Um sich von ihrer besten Seite zu zeigen, sollten sie an einem leichten Hang gesetzt werden, in einer von Steinen umgebenen Nische. Aber wir dürfen zwei Dinge nicht vergessen, nämlich daß sie niemals unter Trockenheit leiden dürfen, vor allem nicht während ihrer Wachstumsphase, und daß sie keinen Kalk vertragen. Sie müssen die Nische ausgraben und mit einer Mischung aus leichter Lauberde und Sand neu füllen. Hüten Sie sich auch vor dem Gießen mit Leitungswasser, wenn sie vermuten, daß das Kalk enthält. Wenn Sie nichts über den möglichen Kalkgehalt wissen, dann wird Ihr Enzian das bald für Sie herausfinden. Wenn Sie nicht ganz sicher sind, ist Regenwasser auf jeden Fall vorzuziehen.

Sie sollten sich Enzian im September ansehen, bei einem Züchter oder in einem privaten Garten, und danach Ihre Entscheidung treffen.

Wenn Sie sich nicht die Mühe machen wollen, ein Beet mit Lauberde anzulegen, dann nehmen sie *Gentian septemfida*. Er ist etwas größer, von sehr dunklem Blau, nicht so anspruchsvoll, was den Boden betrifft, er wächst fast überall. Wenn Sie das Glück haben, eine feuchte, sumpfige Stelle zu besitzen, dann wird der Schwalbenwurzenzian, *G. asclepiadea*, für Sie große blaue Blöcke bilden, um die fünfzig Zentimeter hoch und ziemlich unordentlich, ideal dafür ist also ein wilder Garten. Er fühlt sich überall dort wohl, wo auch Primeln gedeihen, und er gehört zu den nützlichen Pflanzen, die sich über eine bestimmte Menge an Schatten freuen. Es gibt auch eine weiße Variante, die ich aber für weniger attraktiv halte.

Ich finde jedoch, daß keine dieser gröberen Enzianarten

den Charme der flachen, teppichbildenden, fingerhohen Zwerge aufweist, die gerade in der Jahreszeit, wenn wir das am nötigsten brauchen, Zartheit mit strahlender Schönheit verbinden.

Ich weiß noch, daß ich über Pflanzen geschrieben habe, bei denen wir nicht davon ausgehen können, daß sie die Launen unseres wechselhaften Klimas überleben. Wir murren über unser Klima, o Gott, wie wir murren! Nichts ist uns jemals recht. Es ist zu naß, zu trocken, zu kalt, zu heiß, zu alles, nur nicht so, wie es uns recht wäre. Es regnet zu oft oder nicht oft genug. Nach vierzehn Tagen ohne Regen wird eine offizielle Dürre ausgerufen; in den Kirchen wird um Regen gebetet, und wenn er dann einsetzt, wovon wir ohnehin ausgehen konnten, beten wir zum Allmächtigen, Er möge den Regen aufhören lassen. Ob der Allmächtige uns zuhört oder nicht, nie sind wir zufrieden, nie ist es uns recht. Wir Briten lieben es, über unser Klima herzuziehen, ob wir nun Fischer, Bauern oder Gärtner sind.

Ich möchte wissen, ob uns klar ist, wie gut wir es haben.

Unser ganzes Murren läuft im Grunde darauf hinaus, daß unser Klima für den Gartenbau so gut geeignet ist wie kaum ein anderes in Europa. Es friert normalerweise gerade genug, um unseren Pflanzen zu zeigen, was sie von einem harten Winter zu erwarten haben. Es regnet so häufig, daß unser Rasen nur selten ausgedörrt aussieht und daß unsere Pflanzen nicht aus Mangel an künstlicher Bewässerung verdorren. Wir brauchen uns nicht mit Bewässerung abzumühen, brauchen nicht bei Sonnenaufgang Wasser durch einen engen

Kanal rieseln zu lassen, ehe die Hitze des Tages einsetzt und verbrennt, austrocknet und tötet. Wir brauchen nicht alles einzusetzen, um das Leben der Wurzeln zu retten. Wer in heißen, trockenen Ländern gelebt hat, weiß, was ich meine.

Ich möchte unser Inselklima wirklich verteidigen. Es läßt sich viel zu seinen Gunsten sagen. Einer unserer Könige hat bemerkt, wenn auch mit kühner Grammatik, es sei »das einzige Klima, in das man jeden Tag hinausgehen kann«. Ich weiß nicht mehr, ob es Charles II. oder irgendein George war, wer auch immer, er hat die Wahrheit gesagt.

Das einzige, wovon wir nicht genug haben, ist Sonne. Das ist wirklich ein arger Mangel, und wir können nichts daran ändern. Wir können nicht auf einen Knopf drücken, um Sonnenschein anzustellen. Außerdem haben wir zuviel Wind, Ostwind, Nordwind und Nordostwind. Ich nehme an, daß das das Hauptproblem für die Gärtner unseres Landes ist.

REGISTER DER PFLANZEN

ABBILDUNGSVERZEICHNIS

Tipps von der berühmtesten Gärtnerin der Welt

Vita Sackville-West, Schriftstellerin und begnadete Gärtnerin, hat nicht nur den berühmtesten Garten der Welt – Sissinghurst – geschaffen, sondern ihre Liebe zur Natur auch in ihren legendären, weil ebenso kenntnisreichen wie charmanten Gartenkolumnen festgehalten, die hier nach Jahreszeiten geordnet vorgestellt werden.
In *Mein Frühlingsgarten* erzählt sie von beliebten Frühblühern und verschiedenen Narzissenarten, die uns nach den dunklen Wintertagen mit einem wahren Blütenmeer beglücken, preist die Vorzüge des unscheinbaren Waldmeisters, gibt praktische Tipps zum Anpflanzen von Anemonen und Clematis u. v. a. m.

Vita Sackville-West, Mein Frühlingsgarten. Aus dem Englischen von Gabriele Haefs. Mit farbigen Illustrationen von Pierre-Joseph Redouté. insel taschenbuch 4692. 124 Seiten

NF 452/1/2.19

**Von Königskerze und Zaubernuss –
Vita Sackville-Wests Lieblingsblumen**

Vita Sackville-West ist nicht nur für ihr literarisches Schaffen, sondern auch für die wunderschöne Gartenanlage von Sissinghurst Castle berühmt. In diesem Buch beschreibt sie 25 ihrer Lieblingsblumen aus Sissinghurst, ihr Aussehen, ihre Besonderheiten und die optimalen Wachstumsbedingungen. Entstanden sind ebenso praktische wie poetische Porträts, die blumenbegeisterte Amateure genauso wie Gartenprofis zur Anwendung inspirieren. Spielend gelingt ihr der Spagat zwischen nützlichem Fachwissen und kleinen literarischen Gartengeschichten.
»Blumen für Maler« nannte Vita die ausgewählten Pflanzen, charakterisiert durch eine ganz spezielle Schönheit. Ihre Texte liegen nun in neuer Übersetzung vor – wunderbar ergänzt um die eleganten und bezaubernden Aquarelle von Graham Rust.

Vita Sackville-West, Meine Lieblingsblumen. Aus dem Englischen von Christel Dormagen. Mit farbigen Illustrationen von Graham Rust. insel taschenbuch 4436. 126 Seiten

NF 451/1/2.19

Das Tagebuch einer leidenschaftlichen Gärtnerin

Ein preußischer Ehemann, nur der Grimmige genannt, eine beste Freundin, deren wochenlanger Aufenthalt die Freundesbande strapaziert, und eine naseweise Besucherin aus dem zivilisierten England. Sie alle bevölkern Elizabeths Garten, ihren liebsten Ort, ihre Oase der Ruhe …
Meisterhaft erzählt Elizabeth von Arnim davon, wie sie den verwilderten Garten ihres preußischen Landguts in ein Paradies verwandelt und wie sie – trotz unerwünschter Eindringlinge und störender Nebendarsteller – dem wundersamen Zauber, den der Geruch feuchter Erde und die blühende Stille um sie herum verbreiten, immer wieder erliegt …

Elizabeth von Arnim, Elizabeth und ihr Garten. Roman. Aus dem Englischen von Adelheid Dormagen. insel taschenbuch 4132. 135 Seiten

NF 134/1/2.12

NF 126/1/2.12